Albert BERGAUD

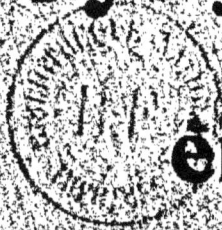

Voyage en Espagne

1904

BORDEAUX

IMPRIMERIES G. GOUNOUILHOU

1905

Voyage en Espagne

1904

Voyage en Espagne

1904

Les Français, en aucun temps, ne se sont expatriés facilement, et jamais, sauf de rares exceptions, les grands voyages, les séjours de longue durée dans les pays étrangers ne les ont beaucoup tentés; la beauté, le climat tempéré, la civilisation et les richesses de la France les y retiennent naturellement fixés.

Cependant, à l'époque où nous vivons, en ce siècle où la vapeur et l'électricité, triomphant de l'espace et du temps, renversent les anciennes barrières des peuples, il semble s'être glissé au cœur de l'humanité un immense besoin de s'étudier elle-même, de se connaître tout entière. Les nations ont l'ardent désir de mettre en commun leurs industries, leurs arts, leurs pensées, pour faire vivre la grande famille humaine d'une seule et même vie.

Cet ensemble merveilleux, non prévu par les esprits un peu utopistes du XVIIIe siècle, réserve, dans l'avenir, le premier rang, avec la plus grande prospérité, à celui des peuples de la terre réputé le plus savant, à celui qui aura le mieux étudié et compris tous les autres.

Aussi, avec un soin scrupuleux, la Chambre syndicale des Employés de commerce de Bordeaux a dirigé la jeunesse de ses cours vers l'étude des langues étrangères, développant ainsi parmi ses élèves le goût de la géographie, des voyages, de l'étude approfondie des caractères et des institutions des peuples.

Secondant ses efforts, la Chambre de commerce et la Municipalité de Bordeaux se sont vivement unies à elle pour permettre à notre grande et florissante Association d'envoyer, chaque année, plusieurs élèves faire un voyage dans certaines villes d'Allemagne, d'Angleterre et d'Espagne, de progresser par la pratique dans les idiomes dont ils ont vu la grammaire, d'acquérir dans la familiarité de la vie quotidienne certaines notions exactes sur les peuples étrangers, d'apprendre beaucoup hors du pays natal, et surtout de comprendre, en l'appréciant, la satisfaction intime éprouvée par tout homme qui s'instruit.

Le caractère patriotique d'une telle œuvre m'a profondément ému; dans la mesure modeste de mes forces, j'ai voulu essayer d'y contribuer pour une faible part, en vous présentant en ce rapport un aperçu général de l'histoire de l'Espagne, en vous parlant de certaines provinces et villes où se sont concentrées sa force commerciale et sa vie intellectuelle, en vous montrant le degré plus ou moins élevé de perfection atteint chez elle par les beaux-arts, les produits de la science et de l'activité de son peuple.

Hanté depuis bien des années du désir de visiter l'Espagne, en amateur, en curieux avide d'inconnu, de voir ce pays dont l'histoire et les arts m'ont toujours vivement impressionné, au point d'exercer sur moi une sorte de fascination, j'ai pu enfin réaliser ce rêve de jeunesse grâce à la généreuse libéralité de la Municipalité bordelaise, à la haute protection de la Chambre de commerce, aux excellentes leçons de mon professeur et ami M. Parrain, et à cette précieuse amitié dont tous mes camarades de la Chambre syndicale furent de tout temps si prodigues envers moi.

Le 3 août dernier, lesté de recommandations et de conseils judicieux, je partais pour une longue excursion à travers « les Espagnes », à travers cette terre chevaleresque, parcourue déjà tant de fois par mon imagination. Pour vous éviter des déceptions, mes chers Camarades, pour m'en éviter à moi-même, me défiant de mon enthousiasme et de mon inexpérience, pouvant me faire voir sous des couleurs magiques les choses rencontrées, je quittai Bordeaux avec la ferme résolution, avec la volonté bien arrêtée, de savourer tout entière la poésie recélée par la patrie du Cid: pour mieux tenir ma parole, je me promis de dépouiller l'enveloppe de Gascon dont mes parents me gratifièrent à ma naissance, et de me faire le plus possible Espagnol.

Ai-je réussi? à vous de me juger tout en m'accordant votre amicale indulgence.

Plein d'émotion, comme si j'accomplissais un acte solennel, je franchis la frontière espagnole, mais il n'est pas de bonheur parfait, hélas! la douane m'attendait. Connaissez-vous cette administration? Oui, je vous félicite, car on doit toujours connaître ses ennemis; non? je vous félicite encore, et vous engage à ne pas rechercher les avantages de la compagnie de MM. les Gabelous. A Irun, on change de train, la voie espagnole étant plus large de 30 centimètres; il faut passer à la douane, formalité nécessaire, indispensable. Graves, fiers, pontifiant légèrement, les douaniers espagnols attendent les voyageurs pour la vérification des bagages. Ils sont beaux ces employés du fisc; sanglés dans leur uniforme un peu opéra-comique, ils vont la main lente de valise en valise, de malle en malle, s'assurer si le public ne passe pas marchandises prohibées ou corvéables. Ne nous plaignons pas de leur lenteur à remplir leur fonction, le voyageur peut être pressé, j'en conviens, mais eux, douaniers, ils ne le sont pas! Ce train parti, un autre suivra, puis d'autres encore, alors il n'est pas utile de se dépêcher, c'est contraire au bon fonctionnement de l'organisme humain!

Et pendant ce temps le train chauffe.... la pendule marche, les bagages vérifiés, le linge rentré dans la malle un peu à la diable, le tout bien fermé, la clef en poche, vous vous précipitez au bureau de l'enregistrement des colis. Là, une surprise vous attend! Le bureau n'a pas changé de place, il est bien là, l'employé aussi; il est même généralement très gracieux le préposé à l'enregistrement, il sourit aux martyrs voués à lui en leur montrant la pendule. Le règlement veut l'enregistrement effectué un quart d'heure avant le départ, et le train part dans dix minutes.

Ne vous fâchez pas, c'est le règlement, c'est la faute du règlement, c'est lui le coupable! L'employé gracieux vous sourit, vous devriez être content; il est disposé à vous être agréable, vous ne comprenez pas, c'est là où commence votre erreur.

Gentiment posez sur vos lèvres votre plus gracieux sourire, tout en mettant dans la main, bien en vue, une mignonne peseta à l'effigie espagnole et examinez le changement à vue du monsieur:

Sans perdre des yeux la pièce, il prend votre billet, griffonne un talon d'*equipaje*, ne pèse pas les colis, ce n'est pas absolument nécessaire, vous remet, en échange de la peseta, un bout de papier légitimant la possession des bagages et votre billet. Le règlement est tourné, le voyageur content, l'employé satisfait d'avoir accompli une bonne action; ce voyageur paraissait si pressé, ses arguments étaient si touchants!

Si vous ne connaissez pas les usages, le train part, vous laissant sur le quai de la gare, vous et vos colis. Trois heures d'attente! plusieurs ressources vous restent: le buffet, le sommeil ou la lecture, à vous de choisir.

Le lendemain de mon arrivée à Saint-Sébastien, je partis pour Bilbao par le chemin de fer de la côte. Voyage charmant s'il en fut. On suit d'abord une route aventureuse au flanc de hautes montagnes, surplombant des profondeurs mystérieuses, on redescend ensuite vers des régions plus riantes baignées par la mer Cantabrique, dont par moments on jouit de la splendide vue par de larges

échancrures de terrain, puis on repart à travers
monts et vallées, ravins et tunnels pour arriver à
Bilbao, capitale de la Biscaye.

BISCAYE. — BILBAO

La Biscaye fut, dans les temps primitifs historiques, peuplée par les Antrigones, les Carietes et
les Bardulos, confédérations vascondes de race
ibérique. Avant le xive siècle, cette province ne
compte pas dans l'histoire politique et commerciale de l'Espagne. Bilbao, aujourd'hui sa capitale,
avait nom de *Amanes portus* ou de *Flaviobriga*.
En 1300, Diégo Lopez de Haro, prince de Biscaye,
comprenant les immenses bienfaits à retirer de
la magnifique position occupée par l'infime bourgade, bâtit Bilbao à l'endroit où aujourd'hui s'é-
ève la vieille ville. De Haro était une intelligence
supérieure, il restera pour son pays une de ses
gloires les plus pures. Afin de propager l'industrie
de la métallurgie, dont le pays vivait pauvrement
depuis des siècles, afin de donner à cette branche
du commerce un plus grand essor, il réglementa
le paiement des salaires. Le señor de Biscaye eut
droit à 16 deniers vieux pour chaque quintal de
fer travaillé dans les forges du pays. A n'en pas
douter, le fer dans ces contrées était travaillé à
bras, comme l'indique le nom basque de forge,
oléac (lieu haut). Dans la suite, on imagina d'uti-
liser la force de l'eau pour faire mouvoir les souf-
flets et les marteaux, remplacés vers 1540 par les
martinets à la génoise. La tuyère, attirant l'air
sur le foyer au moyen d'un conduit, fut introduite
dans le pays dès le milieu du xviie siècle; mais la
routine, ce grand ennemi de toutes les industries
montées sur une petite échelle, fut encore la plus
forte; les roues hydrauliques et le soufflet avec
de légères modifications pouvaient se voir, il n'y a

pas longtemps encore, dans beaucoup de forges de Biscaye.

Cependant, au commencement du XIXᵉ siècle, la métallurgie du fer faisait en France et en Angleterre les plus grands progrès: bientôt le fer du pays ne put plus soutenir la concurrence même sur les marchés nationaux avec le fer anglais, beaucoup moins coûteux, les forges s'éteignirent peu à peu. C'en était fait de cette vieille industrie si, se rendant à l'évidence et renonçant à leurs erreurs, quelques hommes intelligents n'avaient décidément adopté, avec ou sans perfectionnement, la méthode des hauts fourneaux. En 1855, les Ybarra créèrent la fabrique de Baracaldo (Desierto), qui servit de modèle aux industriels du pays, et dont l'importance depuis lors est allée toujours grandissant. Vint ensuite Victor de Chavarri, homme de cœur et d'intelligence, véritable providence de ce coin de l'Espagne. Chavarri appartenait à une grande famille de la Biscaye; travailleur infatigable, il voulut faire affluer la richesse et le bien-être à Bilbao; pour arriver à ce but, il n'épargna ni son temps, ni ses peines. Fondateur d'une importante maison de navigation, il amena la fusion des hauts fourneaux de Desierto et de Sestao, leur constitution sous le nom de « Hauts Fourneaux de Biscaye » en société anonyme dont il fut le président; il assura à cette Société, dans d'excellentes conditions, en établissant le port de Portugalete, les moyens de recevoir les charbons anglais en échange du minerai de fer. Chavarri fonda les chemins de fer Bilbao-Santander, Bilbao-las Arenas, les tramways électriques suburbains, acheta une grande partie des mines de la région. Nommé député, sénateur, président de toutes les sociétés ou industries importantes de la région, Chavarri fut, en un mot, l'homme du jour; il méritait ces honneurs par son amour du travail, sa conception géniale et vive des affaires commerciales, son désir ardent de libérer son pays des capitaux étrangers.

Épuisé par les luttes, les veilles et le travail, il

mourut à Marseille, à l'âge où souvent un homme
commence à ébaucher sa situation, il avait qua-
rante-cinq ans! Bilbao et Portugalete, reconnais-
santes, viennent de lui élever à l'entrée du port
de cette dernière ville une splendide statue, l'Histoire couronnant l'œuvre de Chavarri rend à cet
homme de bien la juste récompense de ses bienfaits.

Si j'ai parlé du développement croissant de l'industrie métallurgique en Biscaye, je dois en faire
connaître les causes. La richesse de ce pays, sa
vraie force dans l'avenir, lui permettant de s'assurer une grande importance économique et de
jouer un rôle considérable dans l'industrie mon-
diale, est ce trésor de mines inépuisables dont son
sol est formé. Le fer se rencontre partout en Biscaye, les endroits ne se comptent plus qui furent ou
seront exploités. Ces immenses richesses avaient
été remarquées des Romains. Pline l'ancien dit
textuellement : « De tous les métaux, le minerai
de fer est le plus abondant. Sur la côte de Cantabrie, il y a une montagne haute et escarpée qui,
chose incroyable à dire, est toute de cette matière. »

Le minerai ou *vena*, nom venant des Romains,
comprend plusieurs variétés, dont les principales
sont : la *vena negra* ou *dulce*, la plus facile à fondre, la seule dont on se servait autrefois en l'ex-
ploitant au moyen de puits et de galeries intermi-
nables; le *rubio*, d'une couleur brun foncé, fort
dur; le *campanil* enfin, le plus abondant, le plus
exporté et qui prend en le mouillant une magnifique teinte de pourpre; il donne 50 et même
70 parties de métal pour 100. Je cite pour mémoire
le chargement des navires destinés à porter le minerai des hauts fourneaux. Ce chargement s'opère
au moyen d'un tramway aérien, système Hogdson,
les wagonnets roulent suspendus à une certaine
hauteur le long d'un câble de fer, et vont automa-
tiquement se déverser dans la cale. C'est chose
curieuse de voir plusieurs lignes manœuvrer.

Ces minerais de Biscaye sont pour la plupart de

fer *oligiste* et d'*hématite;* ils se rattachent imparfaitement au groupe central des Pyrénées.

Les principales usines sont : la Biscaye et la Iberia, unies aujourd'hui aux hauts fourneaux de la Biscaye; les hauts fourneaux del Carmen; la fabrica de San Francisco et los Astilleros del Nelvion s'occupant de la fonte des canons et de l'armement des navires de guerre.

J'ai eu l'occasion de visiter les hauts fourneaux de la Biscaye, dont le directeur très aimablement me facilita l'entrée; devant moi, on fit des coulées de matières en fusion, on lamina d'énormes blocs rougis à blanc, on effectua divers travaux intéressants au plus haut point. Une poussière fine, rougeâtre, faite des débris impalpables du minerai règne dans l'air autour des mines et des hauts fourneaux. Cette poussière est partout, pénètre partout; le pays entier en est comme saupoudré; les champs, les arbres, les maisons, la peau des animaux et celle des gens, tout est couvert d'une couche de rouille indélébile. Il me manque d'avoir vu les mines par un temps de pluie, mais je m'imagine l'épouvantable bourbier que cela doit faire!

Si l'industrie de la Biscaye est florissante par ses usines de fer, d'acier, de fer-blanc, par ses mines, elle l'est encore par ses importantes fabriques de tubes forgés, de papier, d'électricité, de dynamite, de fil de cuivre, de machines, de clous; ses scieries mécaniques; ses corderies, sècheries de morues; ses fabriques de tissus, conserves alimentaires, de ciment, de savon, de briques, de pierres artificielles, de pavés, de liqueurs, de mosaïque, de goudron, de produits chimiques; ses ateliers d'argenterie, d'orfèvrerie, de carrosserie, d'ameublement et d'autres objets moins importants.

Le nombre des Sociétés anonymes, en commandite ou en nom collectif, est de 145, avec un capital d'environ 500,000,000 de pesetas, les entreprises et sociétés de commerce créées par des maisons bilbaïnas dans les autres provinces de l'Espagne sont très nombreuses.

Malgré la rareté de la terre labourable et les
grandes difficultés s'opposant au développement
de l'agriculture, difficultés qui obligent les travail-
leurs des campagnes à se servir de primitifs appa-
reils de labour, on récolte en Biscaye du blé, des
légumes, des plantes maraîchères et du maïs en
quantité relative; du lin pour les besoins domes-
tiques; des fourrages, des fruits, principalement
des poires d'hiver et des pommes servant à la fabrication du cidre. Certaines montagnes sont plan-
tées de bois de hêtres, de chênes touffus, de chênes
à glands, de bruyères, de châtaigniers, etc., etc.
On élève des brebis et des moutons, des vaches
pour la production du beurre, des bœufs pour
l'utilité des laboureurs.

Les Vascongados se distinguent par leur culture
intellectuelle, rares sont les personnes ne sachant
pas lire et écrire; il existe dans tous les villages
des écoles publiques, elles sont très fréquentées,
chose méritant d'être signalée.

Le mouvement du port de Bilbao est très important, sa flotte occupe la première place dans la marine marchande espagnole, par le nombre de ses
bateaux et le tonnage de ceux-ci dépassant 500,000
tonneaux. Les statistiques donnent à cette ville
le septième rang parmi les principales villes marchandes du monde.

Pour l'année 1903, l'administration du port ac-
cuse :

Importations :

Navires entrés : 2.314, portant :

Charbon	646.432 420 kilogr.
Marchandises diverses d'Europe. . . .	147.554.888 —
Marchandises diverses hors du Conti-	
nent.	23.958.746 —
Charbon national.	111.764.787 —
Marchandises diverses pour cabotage. .	78.780.523 —
	1.008.491 373 kilogr.

Exportations :

Navires sortis : 3.672, emportant :

Minerai	4.602.300ᵗ 712 kilogr.
Lingots de fer et d'acier	44.091.033 —
Marchandises diverses du pays	22.058.081 —
par cabotage :	
Minerai	90.743.216 —
Lingots fer et acier	50.142.959 —
Marchandises diverses du pays	94.575.687 —
	4.903.911ᵗ 688 kilogr.

Les droits perçus par la douane se sont élevés à 16,177,141 pesetas.

Sur ce champ de bataille du travail et du progrès, l'Angleterre tient le premier rang; viennent ensuite la France, la Norvège, l'Allemagne et la Belgique. Les objets d'art, de luxe, de nécessité viennent d'Allemagne; ils sont lourds et généralement sans goût.

Bilbao est séparé en deux par le Nervion, rivière importante; à droite, la vieille ville; à gauche, la moderne et l'Ensanche ou partie neuve. Je ne conseille pas au touriste d'aller visiter la vieille ville, si le besoin d'étudier sur place la malpropreté ne se fait pas connaître à son esprit. La partie neuve a beau avoir l'air d'une capitale, les pluies, l'humidité du climat, les brouillards et le manque d'horizon lui donnent un aspect singulièrement triste. Selon le dernier recensement, la population est de 83,213 habitants: j'ai tout lieu de croire que ce recensement a été légèrement forcé: si la ville possède de 55,000 à 60,000 âmes, c'est bien joli. Les colonies étrangères sont nombreuses: la France paraît avoir la priorité.

Par son climat malsain, par sa douteuse propreté, par l'indolence coupable d'une majeure partie des habitants envers les règles les plus élémentaires de l'hygiène, Bilbao est un centre d'épidémies : la variole, le typhus, la typhoïde, la tuberculose règnent à l'état régulier, la mortalité est vraiment effrayante, elle atteint l'énorme chiffre de 37 0/00.

Quatre ponts sur le Nervion mettent en communication les deux parties de la ville, des promenades jettent un peu de gaieté dans la tristesse de cette cité : l'Arenal, le camp Volantin, l'Alameda de Mazzaredo. Peu de monuments attirent l'attention du touriste; nous ferons cependant une exception pour :

1° *Le Palais de la Diputacion provincial* (conseil général), splendide édifice de style boursouflé renaissance italienne, construit d'après les plans d'un architecte français, M. Hadren, décédé depuis à Saint-Sébastien. Ce palais a demandé dix ans de construction et a coûté 5 millions de pesetas; il fut inauguré en 1900. L'intérieur, comme l'extérieur, est somptueux, mais un mélange de styles divers nuit à la beauté de l'ensemble; la Renaissance côtoie le style Louis XIV, en passant par ceux de Louis XV et Louis XVI, pour terminer par l'art nouveau. L'escalier, pur Louis XVI, est orné de colonnes chargées de dorures. Les salles des délibérations, des commissions, le salon du président, la salle du trône sont à voir, le tout est meublé avec un luxe de parvenu, riche, mais peu gracieux. La bibliothèque a été formée des ouvrages offerts par un généreux donateur, don Fidel de Sagarmina.

Les députés provinciaux administrent les affaires de la province, s'occupent de ses intérêts; ils sont élus pour quatre ans.

L'Ayuntamiento (mairie) présente au Nervion sa large façade Renaissance sculptée avec goût, où sont placés dans des niches les bustes de cinq des grands hommes de Bilbao, entre autres celui de Lopez de Haro, fondateur de la ville. Sur le perron, deux statues en marbre de Carrare représentent la Loi et la Justice, quatre hérauts d'armes complètent l'ornementation; le tout fait honneur aux sculpteurs MM. Larrea, Aramendi et Basterra.

L'ayuntamiento est construit sur les terrains mêmes où succombèrent les valeureux fils de Bilbao défendant leur indépendance en 1836; il est l'œuvre élégante, nous en convenons avec plaisir, du sculpteur espagnol don Joaquim Rucoba. On a dépensé pour la construction et la décoration intérieure 1,400,000 pesetas.

Un escalier de marbre, orné de grands candélabres de bronze doré et de belles glaces, conduit à la grande salle des fêtes, copie un peu trop riche d'une salle de l'Alhambra de Grenade. La salle des séances, le cabinet de l'alcade sont aussi à visiter pour leur richesse de meubles et sculptures. On conserve à la bibliothèque la carta-puebla donnée à Bilbao par Lopez de Haro.

Les autres monuments de la ville ne sont pas à mentionner.

Les loyers à Bilbao sont très élevés; dans la partie vieille, et dans plusieurs quartiers on a un modeste logement de 750 à 1,500 pesetas; dans la partie neuve, de 1,500 à 3,000, on n'a pas un palais. Les aliments sont chers, sauf le poisson, à cause des droits élevés établis par l'ayuntamiento; mais, pour être juste, je dois dire aussi que les salaires et appointements sont en rapport.

BURGOS

De Bilbao à Miranda, le voyage, sans être beau, est assez pittoresque, des montagnes, de la verdure, de l'eau égaient un peu la monotonie du parcours; mais, à partir de Miranda, la désolation et la tristesse commencent. Le paysage prend des aspects terribles : des pierres énormes, fantastiques, surplombent çà et là le train, semblent vouloir l'écraser: on parcourt un pays remué dans tous les sens par de furieux tremblements de terre. Plus loin commence la vallée, nue, lisse, sans verdure, sans bois, sans végétation. Rien n'arrête le regard, ne repose la vue, c'est le commencement d'un immense désert d'une tristesse infinie. De misérables maisons de loin en loin s'aperçoivent, carcasses de pierrailles cuites par le soleil, tenant au sol par un miracle d'équilibre. Et sur cette désolation, la beauté d'un ciel bleu dont la pureté s'anime rarement du vol des nuages.

Ce manque presque absolu d'arbres m'ayant étonné, j'en demandai l'explication. La voici, telle qu'on me l'a donnée : L'antipathie pour les arbres des habitants du centre de l'Espagne vient de l'idée, très répandue parmi eux, de voir les branches servir d'abri à de nombreux moineaux, destructeurs d'une partie des moissons. Les gorriones (moineaux francs) sont, c'est certain, regardés en Espagne comme des animaux nuisibles, et pourchassés. Les hirondelles, au contraire, comme en France, sont respectées.

L'absence des arbres est commune à beaucoup de provinces de l'Espagne; il en résulte naturellement une grande disette de bois. Cette disette éveilla autrefois l'attention du Gouvernement espagnol. Sous le règne de Charles III, une ordonnance du Conseil de Castille, garantie par des lois pénales, enjoignait à tout habitant des campagnes de planter au moins cinq arbres. La croyance des oiseaux destructeurs eut cependant le dessus. On planta, c'est vrai, mais on planta mal; tout dépérit, les arbres paraissant prendre racines furent coupés la nuit par les passants. La nudité actuelle des plaines montre le peu de respect professé envers l'ordonnance royale.

Et je pensais, en écoutant cet étrange récit, aux petits oiseaux de France, aux jolis moineaux de nos jardins publics, gent ailée et mendiante, effrontée et babillarde, venant dans la main chercher les miettes offertes. Il a suffi d'un sot préjugé pour dépouiller, pendant des siècles, de si vastes étendues de territoire d'arbres, d'ombrage, et, par suite, d'une partie considérable de l'humidité nécessaire à la germination et à la fécondité!

Burgos, une des villes fortes de l'Espagne, est

la capitale de cette province de la vieille Castille
dont les souvenirs poétiques et chevaleresques caractérisent si bien la nationalité espagnole. La Castille n'est ni romaine ni maure; la Castille, c'est
l'Espagne du Cid, c'est l'Espagne guerrière et
chrétienne. C'est la Cantabrie insoumise, dont le
sol a secoué le joug des monuments de l'invasion,
dont la capitale est une ville riche de monuments
nationaux. Burgos n'a point assis ses murailles
sur de vieux fondements romains, comme la plupart des villes espagnoles; elle n'a point couronné
ses créneaux de la pile mauresque, si le trèfle
arabe s'épanouit aux galeries aériennes de ses clo-
chers et de ses tours, c'est réduit à trois feuilles,
converti en un religieux symbole.

Sur le territoire de l'ancienne Bardulie, dans une
vallée sillonnée de deux fleuves, passage ouvert
aux Arabes sur le royaume de Léon, des colons,
envoyés par Alphonse Iᵉʳ, fondèrent six bourga-
des réunies en 884 par Alphonse III en une seule
ville, protégée par un château fort bâti par Diégo
Porcelos.

La ville se groupa autour du château dominant
la plaine; puis les Rasura, les Bivar, les Gonzalez,
les Porcelos ayant assuré la vallée, la ville descendit aux bords de l'Arlanzon : la colline fut dé-
laissée; sur l'ancien séjour des premiers habitants,
d'humbles masures et des ruines vénérées attes-
tent encore les mœurs simples de ces pères de
la patrie.

Chassé de proche en proche par l'irruption des
Maures d'Afrique, le christianisme se réfugia
dans les montagnes des Asturies comme dans son
dernier asile. Un jour vint où, longtemps traquée
dans ses rochers, la Castille en descendit en con-
quérante. Les califes du voisinage éprouvèrent la
force de son bras; ce fut le tour de l'Islamisme de
reculer devant la croix triomphante. De brillantes
conquêtes cédées à des généraux castillans, ceux-
ci empiétèrent peu à peu sur les droits des suze-
rains, et parvinrent à convertir un commandement
précaire en une autorité solide, indépendante. Ces

premiers établissements, des historiens l'affirment, eurent une forme toute républicaine : le peuple nommait deux juges, l'un civil, l'autre militaire. Plus tard, ces juges élus se firent héréditaires dans la personne du vaillant Fernandez Gonzalez, premier comte de Castille, dont l'arrière petit-fils prit le titre de roi vers le milieu du XIᵉ siècle, l'année même de la naissance du Cid (1026), et devint la tige commune de tous les princes des monarchies espagnoles.

Burgos avait été le théâtre et le prix des premières luttes; elle fut la capitale du nouvel empire, la résidence des nouveaux rois. Le Christianisme se chargea d'orner la cité du vainqueur; la cathédrale s'éleva avec magnificence sur les ruines de la mosquée vaincue, l'Espagne salua sa métropole dans la basilique imposante. Des temples, des monastères se groupèrent autour d'elle, grandirent et prospérèrent à l'ombre de ses nefs vénérées. Mais ces temps sont passés; en vain chercherait-on dans la Burgos actuelle la Burgos des anciens jours; les cloîtres sont déserts, les temples fermés sont abandonnés, le château des vieux comtes est en ruines, les murailles, les bastions, témoins de tant d'assauts glorieux, sont tombés en partie sous les pas des siècles, gisent sous les longues herbes de la solitude; seule, la cathédrale majestueuse dresse son front imposant au-dessus de ces décombres sacrés.

Au temps de Gonzalez et du Cid, Burgos comptait 60,000 habitants: de nos jours, 30,000 peuplent ses rues étroites et tortueuses. Peu de commerce, pas d'industrie, rarement de fêtes; partout le sommeil et la mort. Et pourtant Burgos m'a semblé un des lieux les plus frappants de l'Espagne. J'ai franchi ses vénérables portes comme celles d'un sanctuaire, je me suis découvert devant ses monuments avec une religieuse mélancolie. J'ai salué cette reine détrônée, mais reine encore; à défaut de la couronne perdue, l'auréole de grands souvenirs rayonnant autour de sa tête voilée, a commandé le respect à mon âme de rêveur.

Avant de commencer la partie de mon rapport
traitant de l'archéologie, il me paraît utile de donner succinctement un aperçu de l'architecture ancienne en Espagne. Grâce à l'extrême obligeance
d'excellents amis espagnols, j'ai pu réunir certains documents dont la lecture, peut-être, sera
intéressante.

L'histoire de l'architecture en Espagne peut se
diviser en quatre époques : le roman, le maures
que, le gothique, l'italien appelé aussi gréco-ro-
main.

Le style roman couvrit, sous Trajan et ses suc-
cesseurs, l'Espagne d'édifices glorieux; il doit être
cité pour mémoire et par droit de priorité, car les
invasions barbares et les guerres continuelles con-
tribuèrent à la ruine de la plupart des monuments romains. Le genre roman fut remplacé dans
la Péninsule par l'art mauresque, fait de beauté et
d'une variété infinie de détails, admirés avec juste
raison. La cause de cette richesse d'ornements est
due aux limites imposées par la loi de l'Islam à
la symbolisation artistique. Il n'était pas permis
aux Musulmans de représenter la nature animée:
aussi s'élancèrent-ils dans tous les caprices du
dessin, exprimant par les combinaisons les plus
variées tout ce que la fantaisie peut imaginer en ce
genre; rien ne peut dépasser leur grâce et leur
prodigieuse variété. Sous la main habile de l'ouvrier arabe, la pierre semble s'amollir, devenir
ductile, s'allonger, s'animer, se couper en franges
délicates, s'enrichir d'une fine broderie aux décou-
pures magiques. Ces ouvrages peuvent rivaliser
avec les plus célèbres des autres genres; ils sont,
en effet, d'une rare perfection, ils font regretter
l'irrégularité et la tristesse extérieure des édifices
qu'ils embellissent, peu en harmonie avec l'intérieur. La critique doit toutefois s'arrêter à cette
constatation.

Il n'y eut pas de transition régulière de l'art
mauresque au gothique, car ces deux genres exis-
tèrent en même temps en Espagne. Lors de la réac-
tion des Asturies arrêtant le flot envahisseur de

l'Islam, l'architecture du Nord s'introduisit dans la Péninsule, tandis que les Arabes, en possession paisible du sud, construisaient leurs immortels monuments. L'architecture gothique, cet art si beau, fit peu de progrès dans cette contrée, sur ce sol sanglant, toujours dévasté par la guerre, où les populations engagées dans un duel à mort se ruaient les unes contre les autres pour s'entre-détruire.

Les savants ne sont pas d'accord sur l'auteur de la révolution bannissant l'art gothique des édifices et des cathédrales pour lui substituer le style italien. Elle paraît dater du temps de Charles Quint, avec, comme artistes, Juan de Toledo, Herrera, Diego de Silve, Valdevira et Machuca. A partir de cette époque, le gothique fut délaissé malgré certains essais de persistance, et remplacé par le nouveau style. La cathédrale de Grenade, l'Escorial, l'Alcazar de Tolède sont les monuments annonçant la révolution architecturale; le genre gothique abandonné pour toujours, le grand âge de l'architecture classique espagnole était terminé, la décadence commença. Les cathédrales gothiques furent, on me pardonnera l'expression, maquillées, on leur fit subir des modifications regrettables. Les édifices de cette époque sont lourds, sans goût; ils préparèrent l'avènement de l'indigne style churrigueresque.

Il n'est peut-être aucun pays où la sculpture sur bois ait atteint un si haut degré de perfection; les « entalladores » des xv° et xvi° siècles, Jean et Philippe de Bourgogne, Alonso Berruguete, Alonso Cano, Gaspar Becerra, furent réellement des artistes de premier ordre, et les chefs-d'œuvre dont ils ont enrichi bon nombre de cathédrales sont encore là pour l'attester. Je citerai les retables des capillas mayores de Burgos, de Tolède, de Séville et les stalles de leurs coros. On admire dans ces travaux, le sentiment exquis de la décoration, l'intelligente originalité des idées, l'écrasante variété dans l'exécution.

Les « entalladores » travaillaient principalement

pour les églises et les couvents; aussi les meubles
de cette époque sont-ils fort rares. La sculpture,
souvent excellente, laisse parfois les figures un peu
courtes, la forme a rarement l'élégance des meubles français du même temps. Au commencement
du xvi⁰ siècle, on faisait en Espagne des « escri-
torios » ou bureaux sculptés, composés de nombreux tiroirs, le tout plus ou moins orné. Le noyer
était généralement employé; cependant, les sculpteurs faisaient venir du chêne de Hollande. On
rencontre aussi, notamment en Andalousie, des
sculptures des xv⁰ et xvi⁰ siècles en pin et en
alerce, bois résineux dont se servaient les Arabes.

A la même époque, la marqueterie de bois de
différentes couleurs contribuait à enrichir les stalles et les meubles sculptés. Certains, ornés de figures et d'arabesques, rappellent la manière des
artistes italiens. La marqueterie d'ivoire et d'argent s'appliquait aussi sur différents meubles.

Sous les Romains, on faisait du verre en Espagne; Isidore de Séville, et plus tard les auteurs
arabes parlent de cette fabrication. Ces derniers
mentionnent, surtout au xiii⁰ siècle, les verres
espagnols comme ayant une grande ressemblance
avec les beaux « voirres de Damas » si estimés
au Moyen-Age, et aujourd'hui encore si recherchés par les amateurs. Les Arabes d'Espagne faisaient aussi des mosaïques de verre.

En 1455, les Vidrerios de Barcelone étaient or-
ganisés en gremio ou corporation. On confondait
alors, et on confond encore de même aujourd'hui,
les produits anciens de cette ville avec ceux de
Venise. L'art des vitraux était aussi parvenu très
haut au xv⁰ siècle et vers le commencement du
xvi⁰. Les vitraux des cathédrales de Burgos et de
Tolède, n'ayant pas trop eu à souffrir de l'action
des temps, peuvent être considérés comme les
plus beaux.

Malgré cela, les fenêtres vitrées étaient autre-
fois une rareté en Espagne. Plusieurs pièces du
Palais royal de Madrid en étaient dépourvues.
« J'en ai vu, dit Mᵐᵉ d'Aulnoy, ne recevant le jour

que par la porte et auxquelles on n'a point fait de fenêtres...; il est vrai que le verre est rare et fort cher, de sorte qu'à l'égard des autres maisons il y a beaucoup de fenêtres sans vitres. Si l'on veut désigner une maison confortable, l'on dit en un mot : elle est vitrée! »

La cathédrale de Burgos, commencée en 1221, sous le règne de Ferdinand III el Santo, fut achevée au XVIᵉ siècle par l'architecte Giovanni de Badajoz. C'est un des plus glorieux monuments de l'art gothique en Espagne, un des plus vastes, un des plus riches. C'est un poème de pierre à étudier dans tous ses détails, un précieux souvenir de la grandeur de l'Espagne aux deux plus belles époques de son histoire, depuis le temps ou saint Ferdinand, roi de Léon et de Castille, battait les Musulmans et les chassait de Séville, de Cadix et de Cordoue, jusqu'au temps de Charles-Quint et de Philippe II, où le soleil ne se couchait plus sur les terres de Castille. Le courage me manque, en comparant les forces de mon intelligence, pour assumer la difficulté de vous en faire la description.

La façade est sur la place du duc de la Victoire; cette façade est une dentelle merveilleuse; les deux tours, percées à jour, ciselées, brodées dans les moindres détails, les gerbes de grêles colonnettes, la rosace et les deux fenêtres d'un style si pur, les statues et les ornements sculptés, retiennent l'attention du voyageur, le plongent dans l'admiration, lui laissant deviner la beauté de l'intérieur. Le dôme est, suivant l'expression de Philippe II, « l'œuvre des Anges. » Vers le milieu de l'église une tour octogone, véritable merveille d'ornementation, complète la magnificence de l'ensemble extérieur.

La porte del Sarmental est ornée des statues de saint Pierre, saint Paul, Moïse et Aaron, avec, sur le tympan, les douze apôtres et Jésus entouré de sa cour céleste.

La porte de la Pellegeria, de style Renaissance, exécutée par François de Colonia en 1516, se compose de trois corps; des deux côtés, dans des niches, sont les statues de Santiago, saint André, saint Jean et saint Jean l'évangéliste; sur la porte, dans le second corps, le tableau central représente le martyre de saint Jean et de saint Jean l'évangéliste. Dans le tympan, la Vierge ayant à ses pieds saint Julien, évêque de Cuenca.

La porte de la Coroneria, de l'époque de la fondation de l'église, se compose, elle aussi, de trois corps. Au centre, un homme et une femme en attitude suppliante; au-dessous la porte du ciel, saint Michel pesant les âmes, les élus passent à droite, les réprouvés sont précipités en enfer; des deux côtés, les douze apôtres.

L'église est divisée en trois longues nefs, entre le chœur et l'autel s'élève une coupole ou crucero, formée par la tour centrale, vue de la place. Cette coupole est un rêve, une merveille, un bijou, un amoncellement de statues, d'armes, de sculptures toutes à leur place dans un ensemble grandiose. La critique objecte, je le sais, le manque de simplicité de ce beau travail; j'ai laissé de côté Dame Critique pour admirer la richesse d'invention, la grace et la légèreté de tous ces ornements.

La chapelle du Connétable est le plus beau joyau de la cathédrale; elle sert de sépulture au connétable de Castille don Pedro Hernandez de Velasco et à sa femme dona Mencia de Mendoza. De style très fleuri, elle est l'œuvre de Simon de Colonia; tout est à admirer en cette chapelle grande comme une église : les bas-reliefs de Jean de Bourgogne, les statues de Gaspar Becerra, les tableaux flamands de l'autel, la grille, chef-d'œuvre de Cristobal de Andino. Les chapelles de la Visitation, sépulture d'évêques et de chanoines: de Santiago; de Santa Anna, dont le retable figure un curieux arbre de Jessé; de Santa Tecla, au retable immense de bois doré, dans le mauvais goût churriguresque; de la Présentation, dont la madone est attribuée à Michel-Ange; de San Enrique, où le tombeau en albâtre de l'archevêque Peralto a coûté plus de 55,000 duros, et beaucoup d'autres sanctuaires intéressants.

Dans une chapelle mystérieuse et sombre se

vénère le Christ de Burgos; c'est un cadavre véritable. Fait de peau rembourrée, il a de vrais cheveux, une vraie barbe, de vrais sourcils; tout cela est souillé de sang et de poussière, de même la poitrine et le corps. En modelant ce Christ, au moment de la descente de la croix, Nicodème réussit une merveille; tout est vrai, l'attitude, le regard, la contraction des muscles; c'est effrayant de réalité.

Le chœur, endroit interdit aux profanes, laisse admirer sa silléria sculptée par Felipe de Vigarni, sa grille massive, le double escalier de son orgue. Le maître-autel, merveille au milieu de merveilles, sépulture d'anciens souverains de Castille, étonne par sa valeur artistique.

Au-dessous de la porte extérieure de la Coroneria est un escalier Renaissance, décoré de chimères sculptées. Remarquable par l'élégance de son dessin, cet escalir ne l'est pas moins par la richesse, le luxe et la variété de ses détails. La lumière pénétrant à demi, ajoute à l'effet général en donnant au travail infini de cette décoration plus de profondeur et de mystère. Etabli autrefois pour faciliter une communication rapide avec les rues de la vieille ville, il ne sert plus aujourd'hui.

La cathédrale de Burgos, véritable écrin de pierre, de fer forgé, de bois sculpté, d'ornements somptueux, montre au plus haut degré l'ingéniosité verbeuse de l'art espagnol. On voudrait critiquer l'exubérance décorative et la débauche de sculpture des artistes des siècles passés, mais on est arrêté en jugeant leur travail patient, leur sens si exact du décor; on est désarmé par l'estime due aux belles œuvres. Je citerai comme morceaux hors de pair, la façade et le dôme, en y ajoutant le cloître, peuplé de tombeaux; cloître au charme séduisant de vieillesse, de paix, de tranquillité.

Burgos compte un nombre imposant d'édifices remarquables: dans la rue Puebla. les xvᵉ et xvιᵉ siècles sont représentés par des édifices privés du meilleur goût. On pourrait faire dans cette rue un cours d'archéologie. Nous allons passer en revue certains monuments dignes d'intérêt.

Arco de Santa Maria, monument situé en face du pont de Santa Maria, appartient à un genre d'architecture se rapprochant du style de notre Renaissance. Il a donné lieu, au sujet de son origine, à controverses entre les historiens burgaleses. L'opinion la plus accréditée veut que les habitants, désireux de capter les bonnes grâces de Charles-Quint, érigèrent cette porte en son honneur (1536). L'arc est flanqué de six tours; au haut, dans un attique roman, la Vierge; au-dessous, dans un arc semi-circulaire, l'ange gardien; plus bas, placées dans des niches, les statues de Nuno-Rassura, Diego Porcelo, Lain Calvo, Fernand Gonzalez, Charles-Quint et du Cid.

De la balustrade de sa façade se publiaient autrefois les lois devant le Conseil de ville et le peuple réunis; dans une des salles de ce monument fut déclarée la majorité de la reine Isabelle II. L'arco de Santa Maria abrite, depuis 1879, le musée provincial, dont je recommande la visite aux amateurs de belles sculptures; à signaler dans ce musée un *Ecce homo* de toute beauté.

L'arc de Fernand Gonzalez, élevé en l'honneur du grand guerrier, est de l'époque de Philippe II. De très mauvais goût, il tombe en ruines.

La *Maison du Cordon*, appelée aussi Palais du Connétable, doit son nom à l'écu et au grand cordon des Franciscains sculptés sur la façade au-dessus de la porte, et reliant les armes royales aux blasons des familles Mendoza, Velasco et Figueroa. Bâtie en 1482, elle servit de résidence au connétable de Velasco; en 1496, Christophe Colomb y fut reçu, au retour de sa deuxième expédition, par Ferdinand et Isabelle.

La *Maison de Miranda*, édifiée en 1543 par l'abbé de Salas François de Miranda, appartint ensuite aux comtes de cette illustre famille, pour passer après à la famille de Barberana : l'entrée, le portique, l'arc de l'escalier sont intéressants, mais le morceau caractéristique de cette maison est le patio Renaissance aux détails curieux.

Actuellement, par un véritable sacrilège artistique, cette maison est convertie en auberge, abritant une multitude d'individus: on y a même installé certaines industries.

L'Hôpital Saint-Jean fut fondé, sur les instances des rois catholiques, par une bulle du pape Sixte IV, du 21 août 1479, pour servir de monastère aux moines hospitaliers de Saint-Jean. Son portique ogival fleuri a un beau mérite artistique, le haut est formé de la tiare soutenue par deux anges, des armes du pape, de la ville de Burgos et du roi Philippe V.

Maison du Cid. Le nom du Cid à Burgos est célèbre entre les plus célèbres; tout le monde, dans cette ville, connaît la vie du brave Campeador. La poésie espagnole n'a point d'épopée; elle n'a point d'*Illiade*, ni d'*Enéide*, de *Divine Comédie*, de *Jérusalem délivrée*, de *Paradis perdu*, de *Luciades*, de *Messiade*, d'*Henriade*, le *Romancero* lui en tient lieu; elle retrouve en cet admirable chant ses souvenirs nationaux les plus vivaces, avec les noms et les exploits du Cid, de Bernard del Carpio, de Gonzalez, des sept infants de Lara. Le romancero est le type historique de la nation, le type de l'honneur, de la fidélité, du dévouement, du courage et de l'attachement à la patrie. Le beau livre de Cervantes, *Don Quichotte*, est une satire du peuple espagnol: il en est la charge amusante, la caricature aimable. Avec ces deux livres, la littérature castillane a le droit de se montrer fière de son passé.

La ville de Burgos, en 1781, bâtit un monument sur l'emplacement où anciennement existait la maison du Cid Campeador. Sur un pan de murailles, restes de cette antique demeure, s'élèvent trois pilastres: au milieu, un écu héraldique sans couronne; d'un côté, les armes du Cid et de Chimène, sa femme; de l'autre, les armes de Burgos; on lit l'inscription suivante: « Ici naquit en l'an 1026, et demeura Rodrigue Diez de Bivar, appelé le Cid Campeador. Il mourut à Valence en 1099;

son corps fut transporté au monastère de Saint-Pierre-de-Cardeña, près de cette ville. C'est en l'honneur de la mémoire éternelle de ce héros que ce monument fut érigé, sur les ruines de sa demeure, en l'année 1784, sous le règne de Charles III. »

Regrettons en passant l'état de vétusté de ce modeste souvenir.

L'Hôtel de Ville possède les restes du Cid. Un coffre posé sur un piédestal dans une petite chapelle. Le coffre est divisé en deux compartiments : l'un Cid, l'autre Chimène.

Les églises de Burgos sont à visiter par le voyageur; il lui suffira de s'armer d'un peu de patience. Ces monuments étant fermés sont placés sous la garde d'un sacristain, pas toujours facile à trouver chez lui.

La province de Burgos possède un sol fertile sur plusieurs points, mauvais et stérile sur beaucoup d'autres. Les céréales et les légumes constituent ses principaux produits. Anciennement, son commerce était un des plus florissants d'Europe, ses lainages avaient une renommée universelle. Actuellement, il est réduit à l'exportation de la laine achetée par les industriels français et catalans, à la vente de ses produits agricoles et à l'élevage des taureaux.

Burgos m'a laissé l'impression d'une ville endormie dans sa splendeur de monuments, rêvant de ses glorieux souvenirs. Elle mène l'existence ratatinée de la province et semble porter le deuil de sa grandeur éteinte. Pourtant avec son climat tempéré, son sol en partie fertile, elle devrait secouer sa longue paralysie; ses rues mornes et solitaires devraient voir passer les lourds camions chargés de marchandises: mais Burgos se contente, m'a-t-on dit, de l'honneur de parler la première dans les Cortès.

MADRID

Ce nom de Madrid attire, fascine le voyageur, il se fait de la capitale l'idée la plus inexacte. Madrid n'a pas d'histoire et possède, par conséquent, peu de monuments, œuvres du temps des grandeurs. Burgos, Ségovie, Tolède l'emportent par leurs souvenirs historiques; la capitale a beau ceindre son front de la couronne, tenir en main son très noble écusson, elle a l'air d'une reine humiliée et dépouillée de ses atours par d'heureuses rivales. Peu de souvenirs se rattachent à Madrid. Dans les grandes luttes contre les Maures, c'est une obscure forteresse pour la défense du Mançanarés; puis un simple manoir, rendez-vous de chasse, pour les rois de Castille; Charles-Quint en fit son séjour. C'est donc une ville moderne. Elle s'est efforcée, il est vrai, de suppléer à la noblesse, à l'*hidalguia* des antiques cités espagnoles par sa fidélité aux souverains: ses rois, en l'embellissant, l'ont relevée en face des capitales qu'elle détrônait; Charles-Quint l'a proclamée *Imperial y Coronada;* Ferdinand VII ajouta *muy heroica,* parce qu'elle siffla Murat en 1808, ferma ses portes à Napoléon, et regarda constamment d'un œil oblique son frère Joseph, imposé injustement par le grand capitaine à l'Espagne.

Les titres sonores ne suffisant pas, les rois élevèrent des édifices à Madrid, tracèrent des routes, établirent des boulevards. Aujourd'hui, Madrid est fière, à juste titre, de ses longues voies centrales, de ses paseos, de ses jardins. Les Madrilènes rendent agréable aux étrangers le séjour de la capitale; ils sont simples de manières, accueillants, polis de cette vieille politesse castillane partant du cœur pour aller au cœur: j'eus le grand plaisir d'en faire l'aimable constatation. J'ai trouvé à Madrid, et dans les villes espagnoles visitées, des mains largement tendues au nouvel ami, au voyageur français. Il m'est doux de m'en souvenir.

J'ouvre ici une parenthèse pour exprimer le regret bien sincère de m'être aperçu, à mes premiers pas sur la terre espagnole, de la disparition des modes nationales dans les costumes masculins et féminins; d'avoir constaté le progrès fatal des modes françaises ou anglaises, parisiennes surtout, nivelant les peuples et envahissant malheureusement les provinces elles-mêmes. Il y a moins d'un siècle, l'Espagnol tenait à ses us et traditions; aujourd'hui, les modes françaises, sans secousse et sans effort, imposent au Castillan méconnaissable le paletot mesquin, nos feutres les plus ridicules, notre haut-de-forme du plus mauvais aloi; les mœurs pouvaient, il me semble, s'adoucir sans obliger les hommes à s'enlaidir.

L'ancien costume espagnol perd chaque jour dans la faveur des femmes; la génération actuelle tend, par ses goûts exotiques, à le faire disparaître entièrement. L'exemple des dames de Séville, renonçant en 1823 au costume qui prête à la femme tant de charmes, a été trop généralement suivi. les modes, souvent ridicules de Paris et de Londres, ont remplacé presque partout l'élégante *basquina*; l'attrait de la taille et de la démarche a disparu sous l'uniformité monotone d'une toilette d'emprunt. Certaines Espagnoles ont tenté vainement une fusion entre les deux manières de se vêtir, en conservant la partie la plus distinguée du costume espagnol : la mantille, cet adorable enveloppement de dentelle inspirant au visage une séduction mystérieuse. Néanmoins, le chapeau remplace la mantille, si heureusement inventée pour faire ressortir les avantages physiques de la femme. Par un caprice inexplicable, les Espagnoles, qui devraient être les dernières à adopter les mœurs étrangères, pour le vain plaisir de couvrir leurs têtes du chapeau français, se sont privées de ce précieux avantage, elles dont la gloire fut toujours dans le luxe de la chevelure. Les modèles arrivent de Paris à Madrid, de là circulent dans la Péninsule avec une étonnante rapidité. La tresse elle-même, dont rien ne saurait égaler la grâce modeste, et dont l'ar-

rangement innocent fut toujours le passe-temps
de la jeune fille, est proscrite en plusieurs lieux
ou masquée avec soin; les papillottes, la frisure
et l'emploi de la pommade disgracient presque
partout la belle chevelure donnée par la nature à
la femme de cet heureux climat.

Madrid renferme donc des édifices de second
ordre. Son Palais royal est grand, c'est vrai, mais
peu artistique; grande aussi son église de San
Francisco, mais d'un style boursouflé; son Palais
du Congrès, bâti sur un terrain en pente, présente une maigre façade corinthienne; de grands
édifices, les ministères et Palais gouvernementaux
ont le tort d'être construits sans le moindre cachet espagnol. Nous trouverons cependant le sens
artistique uni à l'ampleur monumentale au musée
du Prado.

Le musée du Prado, commencé en 1785, sous
Charles III, par Juan de Villanueva, fut terminé
en 1830 sous Ferdinand VII. C'est une galerie unique de chefs-d'œuvre sans pareils. Le visiteur,
dès la première salle, est transporté dans un décor magique; son âme conquise par cet ensemble
merveilleux ne lui permet pas de réfléchir; il appartient à l'art, il est subjugué par lui.

Dans la première salle à droite : Raphaël, André
del Sarto, le Titien, le Tintoret, Véronèse, le Cor-
rège, le Dominiquin, Guido Réni. Dans la grande
galerie : Pentojax, le Greco, Zurbaran, Ribera, Murillo, Cano, Coello, Herrera. Dans trois salles spé-
ciales : Murillo, Ribera, Velasquez. Dans une autre
à gauche, grande et spacieuse : Reynolds, Goya,
Mengs, Vanloo, Raphaël, Véronèse, Rubens, Dürer. Dans la salle Alphonse XII, superbes primitifs, Dürer, Berruguette. Dans un couloir : Sal-
vator Rosa. Dans les salles allemande, flamande
et hollandaise : Van Dyck, Jordaëns, Brueghel,
Porbus, Van Eyck, Téniers. Dans la salle française : Philippe de Champaigne, Courtois, Coypel,
Gelée, Lagrenée, Largillière, Lebrun, Vanloo,
Mignard, Le Poussin, Rosa Bonheur, Vernet, Watteau. Dans les salles du rez-de-chaussée : Goya et
les sculptures.

Partout à droite, à gauche, en face, en haut, en bas, les chefs-d'œuvre s'offrent à la vue, les plus grands noms en peinture sont là. Ce musée est le plus riche du monde, sans excepter ceux du Louvre et du Palais Pitti à Florence. On le comprendra aisément si l'on veut bien se rappeler que le sceptre de l'Espagne s'étendait sur l'Italie et les Pays-Bas, précisément à la grande époque où la Renaissance florissait, en ce temps où les monarques espagnols se montraient avides d'acquérir les chefs-d'œuvre de la peinture. Rappelons-nous aussi Charles-Quint se baissant pour ramasser le pinceau du Titien; Philippe IV appelant Rubens à Madrid, et envoyant l'illustre Velasquez acheter à Londres, en 1618, les tableaux de Charles Ier; Philippe V et Charles III répandant l'or à profusion pour posséder des trésors inappréciables.

Si j'ai dit que le musée du Prado est le plus riche du monde, il faut l'entendre au point de vue de la valeur propre de chaque tableau, et non comme collection historique, suivie et raisonnée : telle école y occupe une large place, telle autre, aussi importante, y figure d'une manière imperceptible. Les toiles, grâce au climat sec et pur, sont merveilleusement conservées.

Il m'est impossible de passer en revue ces longues galeries où le corps se fatigue et l'âme s'épuise en admiration. Je me bornerai, en ce rapport, à vous parler des maîtres espagnols dont l'originalité puissante révèle l'âme de l'Espagne artiste dans son émouvante beauté, ceux dont les toiles inspirent la plus profonde admiration, laissent le souvenir le plus net : Velasquez, Murillo, Ribera, Le Greco et Goya.

Velasquez. — C'est l'artiste original et fort, le peintre de la vie, dont le pinceau est un éblouissement, dont l'œuvre porte la marque d'une pensée profonde. Velasquez n'est pas de ces peintres traduisant avec facilité et indifférence l'aspect extérieur des choses. Il concentre sa pensée. Ses sensations ne sont pas purement visuelles, elles partent de l'âme, elles émeuvent et troublent. Il trouve dans la vie sa source d'inspiration et de réflexion: il en aime tous les aspects, les noblesses comme les tares. Aussi il se renouvelle sans cesse et ne se paralyse pas dans une manière. Il peint la grâce florale des infantes, le farouche orgueil des capitans, la majesté des rois et la méditation douloureuse des bouffons: la même âme recueillie, la même gravité apparaissent en toutes les parties de son œuvre grandiose. Les gestes, les attitudes de ses personnages sont ceux où leur caractère s'affirme le mieux: au service d'une telle vision, le dessin et la couleur de Velasquez atteignent une éloquence noble, un accent de gravité impérieuse. Le trait est volontaire, cerne durement les contours, les harmonies, fraîches et sombres, sont réalisées avec une souple splendeur. S'il a obtenu des harmonies sombres d'un faste voilé pour traduire la taciturne majesté des hommes de guerre, il a trouvé pour la fraîche innocence des enfants l'exquise symphonie argent et rose.

On ne sent en son œuvre ni hésitation ni fatigue; à mon humble avis, il n'a pas la spontanéité de Rubens, sa coulée splendide, l'aventureuse aisance de son dessin, ni l'exquise finesse du Titien, mais il a surpassé ces peintres par ses clairs-obscurs et ses perspectives aériennes. Il a supérieurement compris et exprimé l'effet de l'air ambiant, interposé entre les objets pour en faire connaître les distances. Velasquez fut un peintre réfléchi, à la main sûre et ferme, unissant la correction et l'exactitude du dessin à la richesse, à la transparence des teintes. Sa pâte, riche et vigoureuse, a toute la verve exigée par son art de méditation.

Murillo. — Est surtout aimé de la foule pour ses tableaux de mysticité, pour ses vierges, pour ses anges. Si j'admire Velasquez, laissez-moi adorer Murillo : c'est le peintre du ciel. En contemplant, au Prado, les lumineuses extases des « Immaculée-Conception », des « Assomption », des « Annonciation », on déplore l'insuffisance de la langue humaine en face des créations du génie. Ses saints ont un air de recueillement, un sentiment de piété et de bienveillance; ses anges, au groupement merveilleux, font regretter de ne pouvoir goûter leur joie céleste. Murillo séduit par la beauté de sa vision, par l'accent énergique de sa couleur et de son dessin. Ses vierges vêtues de blanc, drapées d'un grand manteau bleu, avec leurs yeux noirs, leurs mains délicates et aériennes, font battre le cœur d'émotion et monter une prière aux lèvres.

J'ai vibré avec Murillo des exaltations de son siècle devant ses Vierges extasiées, dont les robes aux beaux plis se perdent dans les nuages vaporeux, parmi l'essaim si gentil des enfants-anges en cabrioles autour d'un croissant de lune. Le maître sévillan procède de Velasquez par la recherche de la vérité, de Ribera par la touche vigoureuse, du Titien par la transparence, de Rubens par le merveilleux éclat de la couleur. Il a pris à Rembrandt sa céleste lumière pour envelopper d'un radieux éclat la scène principale du centre de son tableau, et la fondre par d'admirables dégradés avec l'ombre encore lumineuse et colorée du pourtour. Son tempérament d'Espagnol ne s'est pas complu dans le douloureux et le sombre, son pinceau a jeté un bouquet de notes suaves dont l'harmonie égale celle des concerts célestes. Avec une grave éloquence, une très personnelle émotion, jointes à une foi immense, Murillo a peint avec son âme l'âme religieuse de l'Espagne.

Ribera. — Connu sous le nom de l'Espagnolet, occupe, parmi les peintres naturalistes espagnols, le premier rang, non pas seul et sans égal, mais au moins sans supérieur. Velasquez peignait la nature avec franchise. Ribera l'accommodait à ses goûts, à ses caprices, en tirait des effets plus forts et plus saisissants. S'il regarde la vie, c'est pour peindre superbement une de ses laideurs. Il exagère à dessein les oppositions de la lumière et de l'ombre. Ses vieillards chauves et barbus, ce sont de vieux saints exténués, avec des yeux enfoncés, des joues décharnées, des fronts ridés, des poitrines creuses, des corps décrépits et contournés, couverts de plaies ou vêtus de haillons sordides. Pour bien montrer sa science de l'anatomie, il cherche dans le choix de ses sujets, dans les traits et les altitudes de ses personnages, dans tous les infinis détails des scènes sorties de son pinceau, le côté sauvage, terrible, hideux, repoussant, pour porter l'émotion du spectateur au comble de l'horreur et de l'effroi. Cependant, cette lumière, ces ombres, ces têtes, ces mains, ces corps sont possibles, sont vraisemblables; ils sont rendus, j'en conviens, avec une fidélité merveilleuse, avec une incomparable énergie. Si le pinceau de Ribera peint la douleur physique, s'il l'élève au paroxysme par les contractions du visage et des muscles dénudés, il allie le réalisme au spiritualisme en donnant au regard de ses personnages l'ardent désir de l'au-delà.

Nul peintre, nulle école, j'en conviens encore, n'ont porté plus loin dans l'exécution matérielle de leurs œuvres, la force, l'audace, la grandeur, l'éclat et la solidité, mais on me permettra de lui préférer Velasquez, le peintre de la vie, et Murillo, le divin. Affaire de goût, peut-être, mais peut-être aussi affaire de tempérament.

Le Greco est le peintre aux conceptions extravagantes, aux empâtements vigoureux et savants unis au coloris blafard, au dessin fantastique donnant à ses personnages un air maladif et un aspect de revenants. Il se plaît à insister sur la débilité humaine, il aime la Mort: il la rehausse cependant d'une pompe magnifique, et en cela il est complètement Espagnol. Il rend saisissant le contraste entre l'apparat des cérémonies et notre néant, mais il le fait avec le goût national du décor et des attitudes d'emphases. Ces deux manières se retrouvent dans son tableau de l'enterrement du comte d'Orgaz; il groupe ses personnages en des attitudes de parfaite indifférence. Le mort, étendu sur une somptueuse draperie, a la figure contractée et terriblement noire; dans l'assistance des prêtres, des seigneurs, en des poses familières, apparaissent tranquilles, comme satisfaits d'être là, l'enfant de chœur regarde cu-

3

rieux, mais nullement ému. Il est impossible de mieux traduire le goût de la pompe funèbre et ce dédain de la mort, traits dominants de l'Espagne catholique.

Ses tableaux religieux sont d'une conception incompréhensible. Les bonshommes ont, au moins, dix-huit têtes de haut, ses anges aux grandeurs démesurées, aux cheveux trop blonds, aux vêtements bleu violent, touchent de leurs doigts amaigris le clavecin ou pincent de la guitare. La Résurrection d'un Christ très long, trop long, se détache en rose tendre dans une atmosphère bleu de cobalt; sur le terrain bleu verdâtre obscur se tordent, comme des sangsues, des soldats aux jambes et aux bras nus, coiffés d'un casque à panache de diverses couleurs leur donnant l'apparence de pompiers fantastiques. Le Greco apparaît maître dans ses portraits; les visages graves ont une expression de recueillement sévère et de mysticité têtue; on reçoit d'eux une impression profonde. Sa série de portraits nous étale l'âme espagnole aux temps de fanatisme et de renoncement.

Goya. — Exilé, aveugle, octogénaire, Francisco Goya est mort à Bordeaux le 16 avril 1828, son corps, exhumé de notre cimetière de la Chartreuse, repose aujourd'hui au panthéon San Isidro. C'est le peintre moderne le plus espagnol de l'Espagne, un Espagnol prononce son nom avec fierté et respect. En France, nous ignorons à peu près Goya, le beau peintre des décorations radieuses; nous connaissons de lui ses *Caprices* et ses *Désastres de la guerre*, réalisation d'un rêve d'épouvante et exagération d'aspects entrevus. Le musée du Prado me l'a fait voir sous d'autres aspects, j'ai admiré ses toreros, ses contrebandiers, ses portraits; moderne par son dessin, il exprime le brillant, la crânerie de son pays en des interprétations neuves, en des éclairages et des lumières dont seul il possède le secret. Ses Proverbes sont d'un charme émouvant; ses femmes sont délicieuses de grâce, leurs visages expriment la joie, il y a de la volupté dans leur pose, une féminité exquise dans leurs jolis petits pieds.

Goya ne m'a pas séduit dans sa manière tragique; ses *Caprices* d'une terrifiante beauté, d'une fantaisie macabre, m'ont fait souvenir du jugement porté contre lui par un critique. « Goya, dit ce maître, doit avoir peint ses *Caprices* avec les yeux hors de la tête, l'écume à la bouche et la fureur d'un possédé. »

Ces réserves faites, Goya n'en demeure pas moins un prestigieux coloriste ayant su s'affranchir de la traditionnelle vision espagnole, un dessinateur audacieux et sûr, dont une partie de l'œuvre est un bijou de grâce et de joie.

Puerta del Sol. — Tout le monde a entendu parler de la Puerta del Sol, car le nom de cette place se rattache souvent aux événements historiques dont Madrid a été le théâtre.

Les rois d'Espagne tenaient anciennement leur cour à Valladolid; mais au commencement du xvɪᵉ siècle, Charles-Quint ayant fixé le siège du gouvernement à Madrid, cette capitale, alors d'une importance médiocre, s'agrandit avec rapidité. On fut obligé de transporter à plusieurs centaines de toises les murailles l'enserrant et la gênant dans son expansion. Une porte de cette ancienne enceinte appelée, on ne sait pourquoi, Puerta del Sol, subit le sort commun, en léguant toutefois son nom à l'ancien emplacement.

Cette place est vaste, de forme très irrégulière; le Palais de la Gobernacion en est le seul monument digne de remarque. La Puerta del Sol est le vrai cœur de Madrid, les rues les plus belles et les plus spacieuses, les plus marchandes et les plus animées, viennent y prendre naissance, et comme elle se trouve au point de jonction de deux lignes s'étendant du Palais royal au Prado, et de la porte de Tolède à celle de Ségovie, où aboutissent les rues les plus fréquentées, il y circule un nombre infini d'équipages, de voitures, de tramways, de voyageurs. Une multitude de curieux et d'oisifs s'y livrent délicieusement aux douceurs du farniente, en fumant le cigarillo. C'est un spectacle amusant, celui de cette foule grouillante: des

bébés tirent la jupe de leurs bonnes, des offi-
ciers, des paysans, des commerçants en groupes
se promènent, des toreros discutent, des camelots
offrent leurs marchandises ou hurlent les titres
des journaux, des loqueteux vous demandent l'aumône, des gamins vous glissent dans la main des
prospectus, des dames vous poussent légèrement
le coude, et des portefaix vous crient : *Cuidado!*
Le soir, au moment où sur Madrid la nuit déroule
son splendide manteau brodé de paillettes étin-
celantes, les magasins s'allument, le mouvement
et le bruit augmentent, les coups de coude se
multiplient.

La Puerta del Sol n'est pas toujours aussi gaie.
La patrie est-elle en danger, un événement politique ou social vient-il obscurcir l'horizon castillan, le peuple accourt sur sa place, s'enquiert
des nouvelles, s'anime par degrés, discute avec
violence. Des révolutions sont nées à cet endroit;
non prévues, elles furent rapides et dangereuses.
Dans ces moments de crise, la Puerta del Sol
donne à l'observateur un champ vaste pour ses
études, il y peut à son aise étudier le caractère
national. Il y a, chez l'Espagnol, deux natures,
ou plutôt deux hommes bien distincts : l'un in-
souciant de l'avenir comme du passé, grave sans
tristesse, poli, fier sans ostentation; l'autre pos-
sédant toutes les passions d'un cœur haut placé,
plein d'ardeur et de sève, mettant au-dessus de
toute affection l'amour de la patrie, prêt à offrir
à son pays le sacrifice de sa vie.

Telle est la Puerta del Sol: tel est le Madrilène.

Palais royal. — On ne sait rien de positif sur la
première fondation du Palais de Madrid; les uns
le font remonter au temps des Maures, d'autres
le font bâtir à la fin du XIe siècle par le roi Alphonse VI. Saccagé par les Maures en 1109, il fut
réparé, puis renversé par un tremblement de terre
sous le règne de Pierre-le-Cruel, dont le succes-
seur, Henri II, le releva de ses ruines. Madrid
était en ce temps-là une bourgade de peu d'importance, le château servait aux princes de rendez-vous de chasse. Le site plût à Charles-Quint.

l'air et les eaux lui convenant, il songea à en faire sa résidence. En 1537, il fit mettre la main à l'œuvre, et le modeste château se convertit en un palais; il fut dévoré par un incendie en 1734: il n'en resta pas pierre sur pierre. Philippe V le fit rebâtir sur les plans de Sachetti.

Le Palais forme un carré de quatre faces égales, avec saillies servant de pavillons aux quatre angles; le corps supérieur incline au style dorique, les pilastres occupant les intervalles ont des chapiteaux ioniques. Cette bigarrure d'ordres ne produit pas un beau coup d'œil; la corniche est entourée d'une balustrade de pierre cachant le toit de plomb. Elevée sur la hauteur, cette énorme masse de pierres domine au loin des campagnes tristes et nues arrosées par le Mançanarès, les jours où il a de l'eau.

Telle est l'apparence extérieure de ce Palais, dont il ne m'a pas été permis de visiter l'intérieur: c'est sans contredit un beau monument, mais il m'a produit l'effet d'une forteresse.

L'*Armeria Réal*, situé dans le Palais royal, renferme plus de 3,000 armes et curiosités historiques. Citons les armures de l'électeur de Saxe, de don Juan d'Autriche, de Charles-Quint, de Philippe II, de Christophe Colomb; les épées du prince de Condé, d'Isabelle-la-Catholique, de Philippe II, de Fernand Cortès, du duc d'Olivarès, de Jeanne d'Autriche, de Gonzalve de Cordoue, de Boabdil, dernier roi des Maures; de Pizarre, du Cid, le casque de François Ier.

Plusieurs de ces objets sont en métal précieux et d'une grande richesse d'ornementation.

Ecuries royales. — Touchent le Palais: elles contiennent 350 chevaux environ de luxe, de trait, de selle. Les carrosses de gala sont magnifiques et constituent une précieuse collection historique: à citer: la voiture destinée à conduire à l'Escorial les rois morts, le carrosse offert à Charles IV par Napoléon Ier, ceux de Charles III, du couronnement et du mariage d'Alphonse XII, la voiture d'ébène de Jeanne la Folle.

Musée d'art moderne. — La renaissance de l'art

en Espagne est moderne; pendant longtemps, la
critique ne put trouver grand'chose à citer chez
nos voisins; mais, depuis 1870, la peinture espagnole s'est élevée d'un essor hardi et inattendu.
Dès ce moment, on a compté avec elle, on lui a
fait une large place dans l'histoire de l'art. L'ex-
position du Musée moderne dénote chez les artistes une puissance de sève, une vitalité qui ne
s'en tiendra pas là et nous réserve d'heureuses
surprises. Sans doute, l'école espagnole relève de
l'école française; elle emprunte évidemment de
nos goûts, de nos méthodes, de nos procédés
mêmes. Elle ne nous copie pas pour cela, car il
y a en elle une force pittoresque particulière d'ob-
servation ne permettant pas de la confondre avec
aucune autre. Examinez les tableaux de ses peintres d'histoire, et dites-moi si le tragique des pages tracées par le pinceau espagnol ne donne pas
la note juste de la beauté de son passé, du dédain de la mort de ses héros, de la fierté de ses
capitans.

Voyez la belle toile de Pradilla *Jeanne-la-Folle;*
tout dans cette vaste composition, si profondément
dramatique est remarquable au point de vue de la
mise en scène, du choix des détails, du charme
d'une coloration forte et lumineuse. Le funèbre
cortège est arrivé le soir aux portes d'un couvent
de femmes; mais jalouse même d'un cadavre,
Jeanne ne veut pas franchir les murs de la sainte
maison, et préfère rester en dehors avec sa suite
afin de garder pour elle seule le corps de son
mari tant aimé. Le jour blafard se lève, les cier-
ges pâlissent. Jeanne se détache avec un relief
étonnant sur l'horizon de ce paysage d'hiver; l'œil
hagard, immobile devant le cercueil, la douleur
lutte dans sa tête avec la folie; l'attitude indiffé-
rente ou lassée des autres personnes rend plus
touchant encore ce morne désespoir; dans le fond,
la masse sombre du couvent. C'est une des plus
belles œuvres du Musée.

Les Madrazo père et fils, Fortuny, Rico, Fernandez, Zamacois, Rosales, Casado, de Haes, et
tant d'autres ont prouvé et prouvent encore que

l'école espagnole ne redoute, pour l'heure, aucune comparaison.

Madrid possède : les Musées d'archéologie, de reproductions, de marine navale, les archives historiques, la Banque nationale. Je ne peux, en ce rapport, entreprendre de les passer tous en revue.

Les églises sont nombreuses; mais, à part Saint-André, San Francisco el Grande et San Geromino, elles sont peu intéressantes.

Je dois, pour rester dans la lettre du programme tracé aux boursiers, parler des sociétés espagnoles d'employés de commerce similaires à la nôtre; ce sujet, assez délicat par lui-même, ne me déplaît pourtant pas.

À Madrid, au commencement de 1903, un groupe d'employés voulut créer une association corporative. Les hommes courageux qui tentèrent l'entreprise, et elle était grosse de conséquences, comprirent que de ses rapports avec ses semblables naissent pour l'homme des devoirs, les uns généraux, les autres particuliers, que ces devoirs, contenus dans les deux préceptes : « Fais à autrui, etc., etc. » « Sois bon envers tes semblables », constituaient tous les principes de la morale sociale.

Sans doute, l'homme trouve dans son cœur un puissant motif le poussant à venir au secours de ses semblables, à soulager leurs misères et leurs souffrances. La satisfaction éprouvée à faire le bien est une douce récompense, mais un penchant n'est pas une vertu. La solidarité bienfaisante a son principe non dans la *sensibilité*, mais dans la *raison;* elle repose sur une idée, non sur un sentiment.

Toute Société doit être comme un organisme dont toutes les parties sont liées entre elles. Les membres ne doivent pas se considérer comme étrangers les uns aux autres, et croire avoir rempli leurs devoirs respectifs en ne cherchant pas à se nuire, en ne portant pas atteinte à leurs droits réciproques. Non, une Société est seulement possible par un échange mutuel de services et de bons offices.

Et c'est avec ce désir au cœur que nos coura-

geux amis de Madrid fondèrent l'Associacion mercantil española. Dès le début, le succès leur sourit, nombreuses furent les adhésions; l'idée noble
et belle dont ils avaient fait leur pensée et leur
but trouva dans le monde intellectuel et commer-
cial les encouragements les plus flatteurs.

De plusieurs provinces arrivèrent des lettres
d'employés demandant à faire partie de la nouvelle
Association.

Les statuts, élaborés en assemblée générale et
approuvés par l'autorité, donnèrent une nouvelle
impulsion à notre jeune sœur. Son but humani-
taire et sage bien établi, l'essor était donné, le
succès certain. Aujourd'hui, l'Associacion mercantil española compte plus de 500 sociétaires; elle
a un local, une bibliothèque et un cours de français. Elle prête à ses adhérents son appui moral,
les aide dans leurs intérêts; la plus grande amitié
règne parmi les sociétaires. Un journal bimensuel
tient les associés au courant des intérêts généraux.
En un mot, l'Associacion mercantil española pour-
suit en Espagne et à Madrid le but que nous
poursuivons à Bordeaux : l'amélioration matérielle,
intellectuelle et morale des employés de commerce.

Lors de mon séjour à Madrid, amicalement reçu
par nos amis espagnols, trop bien reçu eu égard
à ma modeste personnalité, j'eus l'occasion de
renseigner le Conseil-Directeur sur la marche de
notre Chambre syndicale, sur les progrès réa-
lisés par notre organisation, sur les succès, di-
sons le mot sans fausse modestie, remportés par
nos cours et divers services. Je fus certainement
un peu bavard, j'en fais d'un cœur léger un petit
mea culpa, mais mon auditoire était si sympathique et mon sujet si facile à traiter que, pour
un instant, rompant mon serment de rester Espagnol, je fis à belle bouche les louanges de notre
chère Association. Tant pis pour elle, elle mérite
largement le bien que j'en ai dit!

Le plus cher désir des employés de Madrid est
d'arriver à acquérir notre situation. Ils y arri-
veront, j'en suis sûr, s'ils conservent l'esprit

sage et sérieux, l'amitié sincère unissant les hommes de cœur et d'action dont ils m'ont donné des preuves. C'est le vœu formé du plus profond du cœur envers l'Associacion mercantil española par le boursier ami et reconnaissant des attentions multiples dont il fut l'objet.

TOLÈDE

L'aspect de Tolède ne dément pas ce que j'attendais de cette noble et antique cité; fièrement campée sur un roc dont les blocs forment sept collines d'inégale hauteur, elle a conservé ses remparts crénelés, ses portes monumentales flanquées de tours du temps des Maures. Le Tage torrentueux vient tourner à ses pieds; il l'embrasse de trois côtés, en rugissant au fond d'une crevasse profonde. La ville domine une vaste plaine où le fleuve, plus indolent, s'étale; le paysage est un peu farouche, mais les murailles roussies de la Rome espagnole, se détachant dans la pureté du ciel, ont sur un fond de soleil une étrange harmonie d'or.

Le train amène les voyageurs au bas de la montagne; pour entrer en ville, on franchit, au galop de six mules, le gouffre sur le pont d'Alcantara, dont l'arche du milieu est d'une hardiesse effrayante. C'est l'œuvre d'Alphonse le Savant. La route serpente en grimpant le haut de la montagne, et tout à coup, au tournant d'un chemin, se révèle l'inextricable dédale des ruelles étroites et tortueuses, des rampes où l'on grimpe, des petites maisons dont les toitures s'unissent au-dessus des rues pour en faire des couloirs d'ombre et de fraîcheur.

Ce fut une bonne fortune pour moi d'être recommandé à un aimable Toledano, vieillard très épris de sa ville natale, dont il connaissait à fond les ruines, les monuments et l'histoire. L'idée de faire valoir son pays rend l'Espagnol sympathique aux étrangers; mon aimable et docte cicerone me parla de l'Espagne avec enthousiasme, avec amour, en des accents dont le cœur et l'esprit firent tous les frais. Longtemps je me rappellerai les bonnes causeries de Tolède et l'ami dont la bienveillance me fut si douce.

A Tolède commencent les fortes empreintes de la domination musulmane, le trait d'union rattachant l'Occident à l'Orient, la civilisation raffinée des Arabes à la civilisation chrétienne. Tolède, paradis terrestre des romantiques et des antiquaires, des amoureux du bric-à-brac et des vieilles ferrures, des sculptures cachées sous l'infâme badigeon européen, des styles d'architecture enchevêtrés comme des siècles dans des constructions inextricables, Tolède, dis-je, est digne d'une étude particulière.

L'origine de la ville n'est pas connue d'une manière précise; chaque historien lui en a assigné une conforme aux idées de son siècle : les uns la font remonter à Hercule, d'autres aux Phéniciens, aux Egyptiens, etc.; d'autres prétendent que Nabuchodonosor, roi de Babylone, l'agrandit et lui donna son nom. Les Juifs, c'est à peu près certain, la peuplèrent 540 ans avant Jésus-Christ, et la nommèrent Toledoch (mère des peuples), dont on a fait Toledo; ils y construisirent une très belle synagogue. Tolède devint colonie romaine: les Goths en firent le siège de leur empire vers l'an 567 de notre ère, et la rendirent florissante: conquise sur eux par les Maures, en 711, elle resta au pouvoir de ceux-ci pendant 371 ans. Alphonse VI, roi de Castille et de Léon, la leur enleva en 1095, et malgré leurs tentatives en 1109, 1114 et 1127, les Maures ne purent jamais la reprendre. Dans la suite, Tolède fut victime des fureurs des guerres civiles, notamment en 1467 et 1641; plusieurs de ses quartiers furent incendiés et un grand nombre de ses habitants périrent. A l'époque de sa splendeur, elle était beaucoup plus étendue: elle contenait 200,000 habitants, dont près de la moitié était employée dans les manufactures d'armes. Il s'y tint un grand nombre de Conciles : le premier en l'an 400, et le dernier sous les Maures en 860. Les Cortès s'y réunirent souvent; la première de ces assemblées eut lieu en 589.

Tolède fut le berceau de l'industrie métallurgique en Espagne; ses épées et ses poignards étaient déjà très renommés dans l'antiquité; Gratius Faliscus, ami d'Ovide, parle, dans son livre sur la chasse, du *cultrum toledanum* ou couteau tolédan porté par les chasseurs à la ceinture. La fabrication des épées continua à Tolède sous la domination des rois Goths; elle atteignit une grande renommée au xıᵉ siècle sous Abder-Rhaman.

Cette industrie n'était pas autrefois centralisée dans une fabrique unique; les *espaderos* travaillaient chez eux, mais, comme la plupart des gens de métiers des villes de l'Espagne, ils étaient réunis en corporation. Plusieurs rois de Castille accordèrent à la corporation des espaderos de Tolède différents privilèges : exemption de divers impôts et droits, facilité d'acheter le fer et l'acier. Ces privilèges furent aussi étendus aux fourbisseurs et aux gainiers.

Les espaderos de Tolède possédaient-ils des secrets particuliers pour la trempe de leurs armes? Ce n'est pas bien sûr; ils se bornaient, suivant certains savants, à employer l'eau du Tage et le sable blanc et fin roulé par le fleuve en son lit; quand le métal était rouge et commençait à jeter des étincelles, on le découvrait un instant et on l'arrosait avec le sable pour le refroidir; puis la lame formée, on la faisait à deux reprises chauffer au rouge cerise et on la plongeait successivement dans l'eau froide et dans la graisse de mouton.

Au commencement du xvııᵉ siècle, la fabrication des épées était encore florissante; celles dont on se servait à cette époque étaient appelées « épées de golilla », car elles accompagnaient l'énorme fraise, accessoire obligé du costume espagnol; la lame était d'une longueur démesurée, l'usage en était général, les nobles et les « hommes de boutique » la portaient.

L'introduction du costume français vers la fin du XVIIe siècle porta un coup fatal à l'industrie tolédane. Dès 1667, l'Espagne recevait de Normandie et de Bretagne de la quincaillerie et des lames d'épée. Charles III, dans ses efforts louables en faveur des manufactures espagnoles, résolut de relever l'ancienne industrie des espaderos et fit construire la fabrique encore existante. Sans doute, la vieille réputation des armes de Tolède était bien tombée, puisque le roi fut obligé de faire venir de Valence pour diriger les travaux un forgeur d'épées, Louis Calesto, très habile homme.

En dehors des armes, Tolède fabrique des bijoux, dont la délicatesse et le fini du travail peuvent soutenir la comparaison avec les meilleurs articles de Paris. Ces bijoux, tout particuliers, sont en acier incrusté d'or. Le débit en est très grand en Espagne et à l'étranger.

Le climat de la province de Tolède est très chaud, surtout dans la région montagneuse, le printemps court et pluvieux, l'hiver rigoureux par la persistance des vents. Dans les riches campagnes arrosées par le Tage, on cultive le lin, le chanvre, les légumes, les fruits, les melons et les sandias. La province produit aussi de l'huile de qualité supérieure; certaines montagnes sont boisées de chênes de différentes familles. L'exportation consiste en céréales, vins, huile, fruits, armes blanches, bijoux; l'importation donne en échange des tissus, de la quincaillerie, des denrées coloniales.

Nous allons maintenant parcourir Tolède, ville étrange et curieuse, vastes archives de souvenirs, « Rome espagnole, » suivant l'expression de Castelar. Dans cette mosaïque incroyable, commençons par la cathédrale.

La cathédrale de Tolède, fondée en 587 par saint Eugène, premier évêque de la ville, fut transformée en mosquée par les Arabes, puis rendue aux Espagnols; saint Ferdinand la réédifia en 1227, dans le style gothique, d'après les plans de Pedro Perez. Elle est assurément intéressante, mais l'exubérance décorative, chère à toute l'Espagne, me semble déparer le style pur et émouvant de sa façade, le majestueux équilibre de ses trois portes. Sa tour, d'une fantaisie architecturale assez belle, n'a rien de commun avec aucun style. Le tout annonce le délire de fioritures de l'intérieur.

Les peintures murales du cloître sont de Bayeu, le Watteau espagnol. La silleria du chœur, admirablement fouillée, est couverte de bas-reliefs. Le grand autel est un monde de colonnettes, de statues et d'ornements divers. Les chapelles renferment toutes de magnifiques tombes de rois, princes ou cardinaux. La sacristie a son plafond peint par Luca Giordano et contient un Goya et un Greco admirables.

Dans le coin d'une chapelle, on voit une pierre enchâssée dans le mur, couverte d'un grillage de fer, avec cette inscription à l'entour :

> Cuando la reina del cielo
> pusó los piés en el suelo
> en esta piedra los pusó

et je me remémorai les beaux vers de Théophile Gauthier, admirables vers d'une touchante légende :

> Quand la reine des cieux au bon saint Ildefonse
> Pour le récompenser de la Grande Réponse
> Quittant sa tour d'ivoire au paradis vermeil,
> Apporta le chasuble en toile de soleil ;
> Par curiosité, par caprice de femme,
> Elle fut regarder la belle Notre-Dame,
> Ouvrage merveilleux dans l'Espagne cité,
> Rêve d'ange amoureux à deux genoux sculpté,
> Et devant ce portrait resta toute pensive
> Dans un ravissement de surprise naïve !
> Elle examina tout : le marbre précieux,
> Le travail patient, chaste et minutieux,
> La jupe raide d'or comme une dalmatique,
> Le corps mince et fluet dans sa grâce gothique.
> Le regard virginal velouté de langueur
> Et le petit Jésus endormi sur son cœur ;
> Elle se reconnut et se trouva si belle
> Qu'entourant de ses bras la sculpture fidèle,
> Elle mit au moment de remonter aux cieux,
> Au front de son image un baiser radieux !

Dans les nefs, je me suis extasié devant les amas d'or, d'argent, de bronze, mais j'ai trouvé mêlés à toutes ces merveilles trop d'objets de proportions phénoménales : énormes pupitres de bronze, grilles colossales en argent, orgues à dimensions démesurées, châsses gigantesques, livres de plainchant dont sous le poids un homme fléchirait. C'est une église effrayante de détails et de prodigieuse menuiserie, où les petites variétés de fin travail et de délicat modelé manquent le plus souvent; c'est beau, c'est grand, c'est éblouissant, mais je lui préfère Burgos.

L'église de San Juan de los Reyes est, elle aussi, le triomphe de cette maëstria de tailleur de pierre dont l'Espagne s'enorgueillit; elle a l'air d'un Palais royal avec sa rangée de statues de rois et sa belle coupole. Aux murs extérieurs pendent les chaînes enlevées aux prisonniers chrétiens après la prise de Grenade. C'est la folie de la sculpture à son paroxysme: plus de simplicité ne lui nuirait pas. Son cloître est bien supérieur, avec ses colonnes sveltes et élégantes et leurs chapiteaux garnis de broderies simples; c'est un coin de grâce et de bon goût.

Étonnante aussi la *Chapelle de Santa Maria la Blanca*, ancienne synagogue, puis mosquée, ensuite église aujourd'hui désaffectée. C'est une vision d'Orient avec ses cinq nefs étroites, ses quatre rangées de piliers et ses arceaux turcs. Sur les murs sont des arabesques et des versets du Coran; son plafond est de bois de cèdre à compartiments. Un jardinet entoure le petit monument, lui faisant une ceinture de parfums.

L'Alcazar élève au-dessus de la ville sa masse imposante, une côte assez rapide y conduit: on oublie vite toute fatigue en admirant depuis l'esplanade du château l'horizon splendide dessiné par delà la campagne et les monts de Tolède : la nature attire et fixe les regards dans une contemplation prolongée.

L'Alcazar, malgré son nom maure, a été bâti par Charles-Quint sur l'emplacement d'un château fort, et achevé en 1551. Trois incendies l'ont ruiné; rebâti quatre fois, il a perdu son caractère ancien; seule, une partie de la façade est de la première époque.

Le château de San Servando, bâti en 1085 par Alphonse VI, servait aux Templiers de défense et d'église. Il tombe aujourd'hui en ruines.

La Puerta del Sol est une des plus belles œuvres de l'art mudejar toledano; élevée vers la fin du xie siècle, elle fut réparée au xive; elle est en assez bon état. Les arcades et les ogives sont d'une grande pureté; un médaillon placé sous une ogive représente le mariage du soleil et de la lune.

Hôpital de Sainte-Croix. — Le grand cardinal d'Espagne, comme l'appelle la chronique, Pierre Gonzalez de Mendoza, laissa à la reine Isabelle-la-Catholique, par testament, une somme suffisante à la fondation d'un refuge pour les enfants abandonnés. La construction fut commencée en 1504, sous la direction de Henri de Egas. Son trop riche portail est un mélange d'ogive et de Renaissance (style plateresque). Le monument, délaissé, menace ruines.

Auberge de la Communauté, construite à la fin du xve siècle, porte sur sa façade les blasons de Ferdinand et d'Isabelle. Ce fut autrefois la prison de l'Inquisition, aujourd'hui c'est une auberge!

L'église du Tránsito (passage à meilleure vie), élevée en 1366 par le trésorier de Pierre Ier de Castille, Samuel Lévy, était une dépendance du palais du célèbre argentier. En 1492, les Juifs étant expulsés d'Espagne, la Couronne donna l'édifice aux chevaliers de Calatrava. On le transforma en église sous le vocable de saint Benoît; plus tard, le sanctuaire prit le nom de Tránsito de Nuestra Senora. Toute la splendeur de l'art des Maures, tous les ornements de leurs palais se trouvent là: des plâtres et des bois de mélèze finement taillés forment le plafond. Malheureusement, le tout est mal conservé.

Casa de Mesa est une belle salle maure décorée d'un arc de dentelles et d'appliques d'azulejos. Morceau d'une beauté incomparable, il est en parfait état.

Les jeunes filles de Tolède, imitant en cela, je
crois, toutes les jeunes filles du monde, aspirent
à se marier avec le Prince Charmant entrevu en
rêve, ou en réalité. J'eus la preuve de leur désir
bien compréhensible en voyant, calle de los Alfi-
leres (rue des Epingles), la Madone protectrice
des unions bénies. La Madone est dans une niche
grillée donnant sur la rue; la jeune Toledana, en
passant, se signe et fait don à la Vierge d'une
épingle. Tous les dimanches on enlève les of-
frandes. Je fis, et je fais encore, des vœux pour
la prompte réalisation des rêves d'or et de jours
heureux sollicités par les jolis minois de Tolède.
Ne rions pas de cette coutume, les jeunes Borde-
laises ont bien, elles aussi, certains usages destinés à attirer sur leur tête les bénédictions du
Ciel.

Je n'en finirais pas si je voulais décrire tous les
chefs-d'œuvre de Tolède; à tout pas, on découvre
des beautés. L'art vous entoure, vous enlace, vous
séduit, vous retient : portes armoriées et grilles
en fer d'un travail exquis, marteaux historiés et
clous à grosses têtes ciselées, arabesques et colonnettes, merveilles sur merveilles. Pour tout
voir, pour tout fouiller, il m'aurait fallu des mois
et des mois; bravement, je fermai les yeux et priai
mon savant ami de me conduire au train de Cordoue, sans me permettre d'arrêt de l'hôtel à la
gare. Cette consigne fut exécutée sévèrement.

ANDALOUSIE

CORDOUE

Un roman de Florian, non dénué d'intérêt : *Gonzalve de Cordoue*, m'avait de tout temps inspiré l'idée de voir l'Andalousie. Certains ouvrages de l'époque romantique avaient complété mon illusion sur cette contrée. Je confondais en mes rêves le Guadalquivir, Cordoue, les Maures, Séville, Grenade et Gonzalve; tout cela, en mon imagination, sautait, dansait à travers un prisme de galanterie chevaleresque, de vie voluptueuse et élégante. J'entendais les sérénades, je voyais les échelles de soie pendre aux balcons, devant mes yeux passait un châtoiement d'étoffes rouges, vertes, grenat et rose. A Madrid, on m'avait dit : « Méfiez-vous des Andalous, ce sont les gascons du pays; leurs manières, peut-être, ne vous plairont pas. » Cela avait tempéré mon enthousiasme; mais un autre ami avait répliqué, en envoyant un baiser dans l'espace : « Mon cher les Andalouses! vous m'en direz des merveilles; ce sont les danseuses les plus séduisantes, leurs manières sont délicates, leur taille svelte, les traits de leur visage fins, leurs yeux noirs, vifs, pleins de feu; leur démarche a une grâce particulière. Surtout admirez leurs pieds! »

J'étais tombé sur un connaisseur!

Eh bien! non; l'Andalousie n'est pas du tout ce que je m'étais imaginé à travers la magnificence des poèmes et des drames. Certes, elle reste toujours, sous son ciel radieux, le jardin floréal de l'Espagne, mais elle a perdu son pittoresque d'autrefois, si plein de fantaisie et de superbe. Les nuits diamantées d'étoiles ont toujours leur séduction, mais les sérénades sont discrètes. Obligés,

4

peut-être, d'aller de bonne heure au bureau ou à l'atelier, les soupirants se couchent tôt. La lumière électrique a tué le commerce des échelles de soie; éblouis, Rosine et Almaviva ne roucoulent plus de sol à balcon. Oui, les guitares se promènent encore par les rues, mais c'est aux doigts des mendiants et des aveugles; les anciens costumes ont regagné l'armoire aux souvenirs. Seuls, les barbiers sont restés; pourtant, eux aussi, se sont modernisés : ils arborent la grande blouse hygiénique et leurs boutiques rivalisent avec celles de Paris.

Il est donc temps de dire bonsoir à cette charmeuse de légende, d'oublier les poètes romantiques et leurs jolies visions, d'examiner froidement le charme de cet admirable pays, dont les arts, les monuments et les paysages lui assurent une place particulière; et avec un soupir d'envoyer les vieilles guitares d'antan rejoindre dans l'oubli les vieilles lunes.

Pour aller de Tolède à Cordoue, on traverse la Manche, la fameuse Manche de Cervantès et de Don Quichotte. De grandes plaines nues et sévères lui font un morne horizon, de rares moulins à vent, de misérables villages aux vilaines maisons, sont dans ce paysage : une affirmation de la vie au milieu de la mort. Cependant, voyageant en partie de nuit, j'eus, à l'aube, la surprise d'un réveil dans la magnificence des plaines andalouses. Ce fut, par la sérénité radieuse du matin, une vision de terre promise: au delà des aloès bordant la voie, d'immenses étendues de taillis, de bois d'oliviers, de jolis feuillages d'un vert lustré, exprimaient la fécondité d'une nature douce à l'homme. Des bourgs, des villages aux maisons blanchies à la chaux s'étageaient sur des collines parmi la verdure des campagnes.

Alors, dans cette allégresse de la nature, m'apparut le rouge des toits de Cordoue, la grisaille de ses murailles, la masse blanche de ses maisons et ses ruelles ombreuses, trous de ténèbres parmi les couleurs éclatantes et les joies du ciel.

Cordoue est un vaste musée où les Romains et

les Goths, les Arabes et les Espagnols ont déposé
tour à tour leurs tributs divers. Silius Italicus en
fait remonter la fondation aux Romains avant la
deuxième guerre punique. Auguste la nomma *Colonia patricia;* le consul Marcellus l'agrandit et
l'embellit. Des statues, des épitaphes, des inscrip-
tions en l'honneur des empereurs et des consuls
rappellent de nos jours ces âges lointains. Le
pont si pittoresque du Gualdaquivir, défendu par
la Carrahola, forteresse aux murs crénelés, remonte au temps des Romains; le calife Abder-
Rhaman III l'a seulement fait restaurer. Les Goths
s'emparèrent de la ville en 572; elle fit en 692 une
résistance opiniâtre, et fut obligée de céder aux
forces des Maures. Dans la suite, le cheik Abder-
Rhaman s'étant révolté contre le calife de Damas,
se fit roi du pays, et choisit Cordoue pour capitale de ses états. Abder-Rhaman II, au xie siècle,
y fit exécuter de prodigieux travaux. Elle devint
alors une ville féerique. Les historiens orientaux
nous parlent de 200,000 maisons, 80,000 palais,
600 mosquées et 12,000 villages pour faubourgs.
Ces récits sont-ils bien vrais? Les Arabes, ne l'ou-
blions pas, deviennent aisément poètes; ils accu-
mulent le merveilleux sans songer au possible ni
à l'impossible : s'agit-il de trésors, de chiffres,
d'œuvres d'art, leurs plus sérieux historiens tom-
bent fréquemment dans les *Contes des Mille et
une Nuits.* S'ils avaient élevé à Cordoue tant de
somptueux édifices, avec d'aussi durs matériaux
que le granit et le marbre, il en serait resté, après
si peu de temps, d'importants débris. Comment
donc s'expliquer un si complet anéantissement?
Les Espagnols ont démoli, c'est bien entendu,
mais ils ne se sont pas acharnés à détruire. Et les
tremblements de terre, comme celui dont souffrit
Cordoue en 1589, laissent au moins des ruines.

Sans s'arrêter à ces critiques, constatons cependant que les Arabes, maîtres de Cordoue, y firent
fleurir la littérature et les arts. Les califes fondèrent dans leur capitale des académies et des
collèges; ils ne se bornaient pas à attirer à leur
cour les hommes les plus célèbres d'Orient, ils en-

tretenaient en Afrique, en Égypte, en Perse, des
agents chargés d'acheter ou de faire copier, à
tout prix, les manuscrits les plus précieux. Leurs
palais étaient constamment ouverts aux savants et
aux gens de lettres. Sous Abder-Rhaman II, les
sciences, les lettres et les arts florissaient dans
l'Espagne musulmane, alors que les états de l'Europe étaient encore plongés dans la barbarie et
l'ignorance. Les mathématiques, l'astronomie, les
sciences médicales furent redevables aux Arabes
d'Espagne d'utiles inventions; par de nombreuses
irrigations, ils décuplèrent les produits de la
terre. Ils introduisirent dans le pays la culture du
riz, des mûriers, des vers à soie, de la canne à
sucre, du coton; ils perfectionnèrent les étoffes
de soie, de coton, les cuirs maroquinés; les produits fabriqués à Grenade avaient de la réputation
dans tout l'Orient. A ce concours extraordinaire
de talents, de savoir et de génie, les Arabes joi-
gnaient les vertus guerrières et chevaleresques;
ils montraient aux dames une déférence et un
respect prouvant un haut degré de civilisation.
Leurs procédés généreux avaient inspiré aux princes chrétiens une telle confiance qu'ils envoyaient
leurs enfants s'instruire aux écoles musulmanes,
et recouraient à des médecins arabes pour la gué-
rison des blessures dangereuses. Gerbert, archevêque de Reims, depuis pape sous le nom de Syl-
vestre II, alla à Cordoue apprendre la géométrie,
au risque d'être accusé de sorcellerie, en traçant
des angles et des cercles.

Les cuirs de Cordoue étaient si estimés que
toute peau préparée et teinte prit en Espagne le
nom de *Cordoban*, d'où dérive le vieux nom français Cordouan, longtemps synonyme de *cuir* et
dont nous avons fait *cordonnier*. La fabrication
des cuirs resta florissante jusqu'à la fin du
XVIe siècle; à cette époque ils étaient souvent par-
fumés d'ambre. Ils servaient, sous la forme odori-
férante, à faire des gants: la cour d'Espagne en
faisait des cadeaux aux princes étrangers; on les
employait aussi à garnir des coussins, des chaises
et des fauteuils; on en fit même, paraît-il des

cartes à jouer. Le commerce du cuir se ressentit à Cordoue du coup porté à beaucoup d'industries en Espagne par l'expulsion des Maures. L'Espagne, envahie par les étrangers, ne travailla plus ses marchandises; les cuirs dorés disparurent et les procédés de cet art perdu n'ont pas encore été retrouvés.

En 1236, saint Ferdinand, roi de Castille, s'empara de Cordoue; depuis ce temps, l'histoire de la ville se confond avec celle de la nation.

La ville est fière d'avoir donné naissance : à Lucain, le chantre de la *Pharsale;* à Sénèque le rhéteur, et à son fils le philosophe, le maître de Néron; au physicien moraliste Elen-Badjeh appelé aussi Abenpacé; à Maimonide, le plus savant des rabbins juifs; à l'encyclopédiste Averrhoes; à Gonzalve Hernandez, le grand capitaine vainqueur de Grenade; au poète Juan de Mena, auteur du *Laberinto;* à l'historien Ambroise Morales, un des pères de la langue espagnole; à Gongora y Argote, poète novateur et ampoulé; à Paul de Cespédès, peintre poète.

Les grands horizons, les atmosphères libres et lumineuses doivent certainement contribuer à dilater les âmes et les intelligences.

Le seul édifice de Cordoue à visiter est la *Mezquita*, aujourd'hui cathédrale. Les fondations de ce monument furent jetées en 786 par ordre de Abder-Rahman Ier, à la place d'une ancienne cathédrale de Saint-Georges. Celle-ci ayant elle-même succédé au temple romain de Janus.

Cette mosquée est incomparable. Imaginez un quadrilatère long de 200 mètres, large de 150, et divisé par une multitude de colonnes formant dix-neuf allées du nord au sud, et trente-six moins larges du couchant au levant. Ces colonnes de jaspes et de marbres de toutes couleurs et d'un seul morceau, ont un demi-mètre de diamètre et quatre mètres d'élévation; elles sont couronnées d'un chapiteau genre corinthien. Le regard se perd dans cette forêt de fûts alignés qui se croisent et se croisent encore; cela produit une impression toute nouvelle.

L'effet devient plus extraordinaire par le demi-jour de cette vaste étendue, et à cause des formes originales, étranges, des arcs mauresques en fer à cheval apparaissant de tous côtés. On subit le prestige de cette construction si ingénieuse, si riche de petites inventions; on n'a jamais rien vu de pareil : elle étonne, elle séduit; plus on la regarde, plus on la mesure, plus elle impose.

Saint Ferdinand ayant reconquis Cordoue, la mosquée fut purifiée et placée sous le vocable de l'Assomption. On ferma les entre-colonnements du côté de la grande cour précédant la mosquée; on transforma, au moyen de cloisons, la dernière rangée de colonnes en autels divers. Plus tard, le chapitre de la cathédrale voulut modifier l'intérieur de la mosquée afin d'établir le chœur et le maître-autel. L'ayuntamiento refusa l'autorisation à l'archevêque, et édicta la peine de mort contre tout ouvrier qui prendrait part à la démolition partielle du chef-d'œuvre arabe. Le chapitre porta plainte à Charles-Quint; l'empereur, mal renseigné, ordonna une coupe immense au milieu de l'édifice. On rasa 150 piliers, et ainsi, de par le caprice impérial, les gracieuses enfilades de frêles colonnes et de gracieux arcs furent interrompues. La mosquée perdit, dans son horrible mutilation, beaucoup de sa puissance d'émotion.

Sur l'emplacement ainsi dévasté, on construisit un édifice destiné à humilier la secte vaincue et à affirmer la supériorité de l'art chrétien sur l'art arabe. On avait compté sans la pauvreté d'inspiration de la Renaissance; on voulut faire noble et majestueux; on rêva un émouvant décor d'art : on réalisa simplement un entassement de richesses dont le luxe excessif choque, irrite et énerve le visiteur. La somptuosité de la matière et l'accumulation des précieux ornements ne parvinrent ni à exprimer la ferveur chrétienne, ni à faire de la mosquée un lieu de quiétude favorable à l'élan vers Dieu. Ce ne fut, et ce n'est encore, qu'un banal édifice de luxe absolument perdu dans un décor d'Orient.

La province de Cordoue est surtout agricole; on

y récolte des olives, du blé, du vin, des céréales,
des légumineux et des fruits. L'industrie exploite
des fabriques de soie, de savon, de toiles, mais
la principale richesse du pays serait les mines si
elles étaient toutes exploitées. Les capitaux français jouent le plus grand rôle dans l'industrie mi-
nière de la contrée et dans le commerce d'importation.

SÉVILLE

Quien no ha visto Sevilla
No ha visto maravilla

« Qui n'a pas vu Séville n'a pas vu merveille. »
dit le proverbe espagnol. Pour ne rien exagérer,
je demande aux Espagnols la permission de traduire : On peut très bien vivre sans avoir vu Séville. C'est une ville enchanteresse et remplie d'a-
gréments pour un étranger, elle unit les charmes
de l'Orient aux avantages de la vie européenne;
sous un ciel toujours pur, la campagne fleurit et
répand ses parfums, mais ses rues étroites, tortueuses et tristes, ses maisons sans cachet parti-
culier, aux tons criards, ne lui assurent pas le
titre de capitale.

L'époque de sa fondation est inconnue : tous les
géographes anciens, Strabon, Pline, Ptolémée, en
font mention comme déjà ancienne de leur temps;
les amateurs de merveilleux l'attribuent à Hercule; son premier nom, prétendent-ils *(Hispalis)*,
est phénicien et signifie *plaine*. Jules César y
ajouta le nom de *Julia*. Les Maures, en 741, lui
donnèrent, croit-on, son nom, et en firent jusqu'en 1247 la capitale d'un royaume. A cette époque, Ferdinand III prit Séville, après un siège
mémorable. Elle devint alors le séjour du roi
conquérant, et fut jusqu'à Philippe V une résidence préférée des rois espagnols. En 1748, il s'y
tint un concile national pour l'établissement de
l'inquisition. Séville a été de tout temps, sous les

Romains, sous les Goths et sous les Maures un centre de lumières et de sciences; elle le fut aussi sous les Espagnols, mais les arts s'y sont montrés avec plus d'éclat. Ravagée, en 1649 et en 1800, par la peste, elle souffrit aussi du tremblement de terre. Lors de l'invasion des Français, elle reçut, de 1808 à 1810, la Junte, chassée de Madrid. En 1810, les Français y entrèrent, pour l'évacuer le 27 août 1812 et la reprendre en 1825.

Des murailles de sept kilomètres et demi enserraient autrefois la ville; flanquées de 166 tours, elles avaient 15 portes, dont la plus belle, celle de Jerez, portait gravée sur une plaque l'antique histoire de Séville :

Hercules me edificó
Julio Cesar me cercó
de muros y torres altas;
y el rey santo me ganó
Con Garci Perez de Vargas

J'eus le plaisir de retrouver cette plaque au musée. Aujourd'hui, une petite partie de ces murailles existent dans le faubourg de Macarena; elles n'ont aucune valeur archéologique.

Du temps des Maures, la population de la ville était très considérable; prise par les Espagnols, il en sortit 400,000 individus; dans le xvie siècle, il y en avait encore 300,000. Zuniga contemporain de la peste de 1649, assure avoir vu périr 200,000 personnes. Depuis cette époque, les émigrations en Amérique, la chute de l'industrie et du commerce ont réduit la population à 150,000 habitants.

Après l'expulsion des Maures, Séville reprit beaucoup d'éclat: elle devint le centre du commerce et des richesses de l'Espagne, et après la découverte du Nouveau-Continent, elle eut, seule, le monopole du trafic de cette partie du monde avec le royaume; mais au commencement du xviiie siècle. Philippe V le transféra à Cadix, à cause de l'impossibilité où étaient les gros navires de naviguer sur le Guadalquivir. Cette translation porta un coup mortel au commerce de la cité.

L'industrie de Séville, anciennement des plus florissantes, a toujours été en décadence depuis le XVIIe siècle; vers le milieu du XVIIIe, elle parut reprendre un peu d'activité; en 1779, on y comptait 2,318 métiers de soie, alors sa principale fabrication; mais, depuis cette époque, différentes causes ont concouru à en diminuer prodigieusement le nombre.

Grâce à la fertilité de son sol, à la douceur du climat, on cultive dans la province toutes les plantes des zones tempérées et beaucoup de celles des tropiques. Dans les régions montagneuses croissent le chêne-liège, le chêne, le noyer, l'olivier, l'oranger, le citronnier, le poirier, le pommier, et en général tous les arbres fruitiers ont leur place dans cet éden terrestre. Les céréales, les fleurs, les fruits, les légumes, la vigne et le tabac y poussent avec une étonnante facilité.

Séville possède des fabriques de soie; des manufactures de fer, de bronze, de canons; des fabriques de bouchons, de porcelaine et d'appliques; des usines de conserves alimentaires. Les mines de fer, de cuivre, d'argent, de plomb et de charbon sont nombreuses. Les marchés sont bien approvisionnés, surtout en fruits exquis, plantes potagères, gibier et volaille.

La capitale de l'Andalousie est la patrie des empereurs Trajan, Adrien et Théodose, des rois d'Espagne Ferdinand IV et Henri II, du duc de Montenar, vainqueur dans la bataille de Bitonto; de Louis de Córdoba, célèbre marin; des mathématiciens Juan Hispalense et Pedro de Medina; de Lope de Rueda, le père de la comédie espagnole; des poètes Herrera, Arguijo, de Jauregui; des peintres de Vargas, de las Roelas, Juan del Castillo, Pacheco, Velasquez et Murillo; du paysagiste Antolinez; des sculpteurs Pedro Roldan et Louisa Roldan, sa fille, etc.

Séville est bâtie parmi les fleurs; des promenades l'entourent lui faisant une auréole de palmiers, de citronniers, d'orangers, de rosiers et d'œillets. Son parc Maria-Louisa, son pasco de las Delicias, sont d'admirables décors de bonheur.

L'amour de la vie, le culte de la joie apparaissent surtout dans les maisons. Toutes, riches ou pauvres, cabanes ou palais, ont leur *patio*.

Le patio est une sorte d'alcazar familial, une cour ménagée au centre de la demeure. Si le soleil darde ses rayons sur les murs, si le pourtour de la maison est en pleine fournaise, vite les habitants se réfugient dans la fraîcheur de ce réduit dallé, protégé par un vélum contre la flamme du dehors. C'est le salon, le parterre, le centre de la vie; les orangers, les citronniers, les jasmins le remplissent de leurs suaves émanations, le décorent de leurs fleurs et de leurs fruits. Souvent, une fontaine, à l'intarissable murmure, y répand une délicieuse fraîcheur de sous-bois. Un couloir le fait communiquer avec la rue; une grille ajourée, d'un travail parfois intéressant, le protège mal contre la curiosité des passants.

Au milieu des ardeurs de l'été, quand le touriste, auteur de ces lignes, cheminait péniblement sous un soleil de plomb à la recherche de documents, son front brûlant recevait au passage, vers le seuil de ces demeures enchanteresses, les effluves odorantes et froides des patios mystérieux. C'était pour lui une tentation d'y pénétrer afin d'en goûter la fraîcheur, au prix d'une violation de domicile. Mais un jour où son œil curieux, ayant voulu surprendre le secret intime d'un patio, fut salué d'un rire et d'un *buenas* partant d'une jolie voix moqueuse, notre ami prit la fuite!

La cathédrale apparaît de loin, semblable à un immense vaisseau. Les cinq nefs intérieures sont d'une majesté écrasante, on se sent petit à côté des énormes piliers. La puissance de cet effet tient à la hauteur des nefs latérales, aussi hautes que celles du centre, au lieu d'être basses et resserrées comme dans la plupart de nos cathédrales gothiques. Cette église est un composé de tous les styles; vouloir énumérer les merveilles de l'inté-

— 57 —

rieur en quelques lignes serait une folie. Soixante-
sept sculpteurs, trente-huit peintres y ont laissé
la trace de leur génie. Partout des autels de marbre fouillés avec passion, des tombes gothiques,
des statues de pierre et de bois, des tableaux merveilleux. Malgré tous ces trésors entassés, l'église
ne séduit pas par sa grâce : elle est lourde, énorme, grosse, massive, aucune idée d'art élevé ne se
dégage de son aspect total.

Dans la chapelle du baptistère, j'ai vu l'admirable tableau de Murillo, peut-être son chef-d'œuvre : *Saint Antoine de Padoue*. Dans ce tableau,
Murillo a réuni et poussé à la perfection les qua-
lités ordinaires de ses peintures; la vigueur extraordinaire de la couleur donne aux chairs, aux
vêtements, à tous les objets accessoires, la solidité même de la nature. La finesse, la transparence, la lumière caractérisent la manière de faire
vaporeuse de Murillo, et placent ce tableau au-
dessus des meilleurs de l'illustre peintre sévillan.

Par une pente douce, pavée en briques, on
monte au sommet de la *giralda* (girouette), magnifique tour de la cathédrale, érigée en l'an 1000
par l'Arabe Huever, inventeur de l'algèbre. C'est
une tour de brique, carrée, ornée de petites fenêtres mauresques géminées et munies de petits
balcons. Modifiée dans sa partie supérieure, après
l'expulsion des Maures, convertie en clocher chrétien, elle conserve l'aspect arabe. Une statue en
bronze doré, d'un poids de 1,300 kilogrammes,
représentant la Foi le *Labarum* à la main, couronne cet édifice et tourne à tous les vents.

Un panorama ravissant se déroule du haut de
la tour. Séville déploie ses rues, ses places, ses
carrefours, ses couvents, son alcazar et sa cathédrale. Des acacias, des orangers, des lauriers-
roses, des citronniers ombragent les promenades
inondées de lumière; on devine les patios où les
femmes et les oiseaux babillent du matin au soir
dans un air de fraîcheur.

L'Alcazar ressemble à une forteresse; entièrement ceint de murs, il a extérieurement un aspect
sévère. Intérieurement, il défie toute description.

Les arabesques, les ciselures, les fines colonnettes, les arcs élégants, les formes mauresques les
plus pures, l'éclat des faïences vernissées, les vives couleurs des plafonds à poutrelles et des cou-
poles, les stalactites rocailleuses de leurs pen-
datifs, vous font passer de surprise en surprise
du salon de Chárles-Quint au *patio de las Doncel-
las*, de la chambre de Marie de Padilla au patio
de las Muñecas, pour aboutir à la grande salle des
Ambassadeurs. Partout brillent à profusion les
richesses d'ornementation, se déploient les grâces de l'art mauresque. Tout cet ensemble, commencé par les Maures, terminé par Pierre le Cruel
(1350-1369), restauré par Isabelle II, séduit le regard, enchante l'imagination. Regrettons pourtant
la dernière restauration faite par des gens absolument étrangers à l'art, confondant le clinquant
avec la beauté.

L'Alcazar de Séville, dans ses jardins, se pare
de la plus éblouissante floraison. Si, au sortir de
la sérénité mystérieuse de ses salles, on arrive à
la porte des jardins, on peut se croire en pleine
vision de rêve : les fleurs sont en tapis, en guir-
landes, en espaliers, escaladent les arbres d'O-
rient dont l'ombre les rend plus éclatantes.

Les eaux jaillissantes, irisées par le soleil, laissent flotter leur vapeur diaprée. A l'ombre de
ces cyprès et de ces orangers, les sultanes avaient
la fantaisie de se baigner. On montre un bosquet
où elles se plongeaient dans l'eau de rose.

La casa de Pilatos, propriété de la famille de
Medina-Cœli, fut construite au xvie siècle par Enri-
quez de Ribera, sur les plans de la maison du
préteur romain, à Jérusalem. Intéressante à voir,
elle est cependant une imitation bien modeste de
l'art arabe.

Le musée de Séville est à visiter. S'il n'a pas un
grand nombre de tableaux, il possède la qualité :
Murillo, Velasquez, Herrera, Caño, Valdes, Zurbaran, Mulato y sont représentés par leurs toiles
délicates. Cette visite s'impose aux amateurs de
bonne peinture. Au rez-de-chaussée est le musée
des antiques, un peu pauvre.

La tour de l'or servait au roi Don Pedro à cacher ses trésors et sa belle favorite Marie de Padilla. La tour était anciennement réunie à l'alcazar par un édifice, démoli aujourd'hui, et remplacé par le paseo de Cristina.

L'Hôtel de Ville est un beau monument de style Renaissance, dont une partie, donnant sur la place de la Constitution, est seule ancienne: elle a été dernièrement restaurée d'une manière intelligente, constatation agréable à faire.

Si j'ai pu, à Séville, me documenter, je le dois à un de nos compatriotes, à un Français, M. Lejal, chef d'une importante maison de commerce, dont l'amabilité et l'amitié me rendirent le séjour de Séville agréable. Ne pouvant acquitter ma dette de reconnaissance envers lui, je lui adresse en ces lignes, le mot dont je l'ai salué à mon départ: merci.

GRENADE

Cette province faisait partie de l'ancienne Bétique; elle fut érigée en royaume par les Maures. La ville, fondée au xe siècle, était tributaire des rois de Cordoue; en 1235, elle devint capitale du nouveau royaume de son nom, et fut célèbre par ses richesses, sa puissance, la magnificence de ses édifices, ses arts et son industrie. Elle opposa une longue résistance aux efforts des rois catholiques, et succomba en 1492, après un siège de plus d'un an; elle contenait alors 400,000 habitants. Ce fut la dernière ressource et le dernier boulevard du pouvoir des Maures en Espagne. Lors de la conquête, on permit aux Arabes de rester dans le pays et d'y professer leur culte; beaucoup de familles y consentirent. Persécutées, elles furent obligées de s'enfuir, au xvie siècle, emportant avec elles les principales sources de la prospérité du royaume. L'expulsion totale des Maures fut la cause de la décadence de Grenade.

Les productions de la province sont abondantes et très diversifiées : plusieurs de celles des tropiques y croissent avec succès, à côté de toutes celles de l'Europe; le blé, l'orge, le maïs s'y récoltent en abondance, de même les légumes, les melons, les cédrats, les oranges, les citrons, les figues, les grenades, les amandes. On y cultive la canne à sucre, l'anis, le safran, le coton, le lin et le chanvre. Cete province produit aussi beaucoup d'huile, du vin très estimé, de la soie en assez grande quantité, de la soude et du sparte. Les forêts sont peuplées de sapins, de chênes, de châtaigniers, de palmiers; les plaines sont couvertes d'oliviers, de mûriers et d'autres arbres à fruits. Entre les montagnes, il y a de bons pâturages, mais en général l'élevage des bestiaux est peu important.

Les montagnes renferment des mines de fer et de plomb en petite quantité, mais elles sont riches en beaux marbres de différentes couleurs, en albâtre d'une grande beauté. Les sources minérales et thermales y sont très nombreuses et très fréquentées. Les exportations consistent en vins, fruits secs, huiles, cire, plomb, soude, liège et noix de galle; les importations, venant de la France, de l'Italie, de l'Angleterre et de la Hollande, en lainages, quincaillerie, mercerie, coutellerie, épiceries et dentelles. Les recensements les plus récents portent la population de Grenade à 80,000 habitants. C'est la patrie de Louis de Grenade, prédicateur célèbre: de Fernand del Castillo, historien; d'Alonzo Cano, peintre et sculpteur; de Diégo de Mendoza et Louis de Léon, poètes.

La ville s'étend sur deux collines, à l'extrémité de la fertile plaine appelée *Vega de Granada*, à peu de distance de la Sierra Nevada; le *Daro* la traverse, le *Genil* baigne ses murs vers le sud. Le climat est tempéré par le voisinage des montagnes, l'aspect de la ville agréable, les promenades splendides, les rues nouvelles larges et spacieuses.

L'Alhambra est une des plus brillantes traces

du séjour des Maures; c'est un des vestiges les moins incomplets du passage d'un peuple conquérant, c'est une tente si délicate et si frêle que le vent l'aurait abattue, si le vent pouvait briser seulement une fleur sous le ciel enchanté de Grenade. L'Alhambra, cet édifice de briques et de plâtre, avec ses plafonds enluminés et minces comme les pages d'un missel, avec ses colonnettes grêles comme de faibles arbrisseaux, était jadis entouré d'une formidable ceinture de murailles, lui donnant l'aspect imprenable. Aujourd'hui, les fortes murailles sont tombées, le frêle palais est debout. Le vainqueur a frappé la résistance, les charmes de la faiblesse ont trouvé grâce devant lui.

Les profondes salles d'ombre alternent avec les patios illuminés. Sans cesse, on passe de la nuit au jour sous des arcs unissant, avec un charme léger de liane, les jolis groupes de minces colonnettes harmonieusement se correspondant. Jamais les Arabes ne réalisèrent décorations plus variées et plus riches, un ensemble architectural d'une plus émouvante grâce.

Visitons d'abord le *Patio des Lions*. La fontaine du milieu, en marbre noir, où coulait autrefois une eau limpide et abondante, est soutenue par douze monstres, lions, paraît-il, grossièrement sculptés. Tout autour, de sveltes colonnes supportent des galeries et des portiques, guipures de pierre d'un fini de travail merveilleux.

La *salle des Ambassadeurs* m'a paru la plus belle; le plafond en bois de cèdre, fouillé, ciselé, a retenu longtemps mon attention. Les murs sont de dentelles.

Les *salles de la Justice*, des *deux sœurs*, des *infantes* et beaucoup d'autres fatiguent le cerveau par la contemplation de leurs richesses artistiques. On se croit transporté au pays des Fées, ou dans ces belles retraites décrites par les poètes orientaux. L'art, la grâce, le plaisir s'unissent à la légèreté, à la profusion d'ornements, à la finesse et à la pureté du dessin.

Dans le *mirador de Lindaraja*, sous la solitude

de cette voûte splendide, je ferme les yeux et je
laisse mon esprit s'égarer en une douce rêverie :
Je suis devant Grenade, la riche et noble cité
maure; Grenade, qui se montre dans le lointain
toute couronnée d'une auréole de romances et de
légendes; Grenade où s'est réfugié tout l'esprit
oriental dans une atmosphère de poésie. J'assiste
aux joûtes et aux carrousels, aux fêtes galantes
présidées sur un trône d'or par la Beauté, au milieu des parfums. Sous mes yeux passent les
Maures et les almées dansant leurs zambras grâ-
cieuses; les échos de l'Alhambra retentissent des
noms orientaux d'amour, si riches de suavité so-
nore.

Pourquoi s'éveille-t-on d'un si beau rêve!

On raconte qu'un roi de Maroc, traversant l'Espagne, voulut visiter l'Alhambra. Il avait trop
présumé de sa force morale. Sa fierté le soutint
longtemps, mais elle céda enfin à l'impression
causée par les ruines de l'antique splendeur de
sa race; il se prosterna et pleura devant des
chrétiens, devant des Espagnols, lui, le fier enfant du désert.

L'Alhambra n'a pas de jardins: pour retrouver
le décor riant des fleurs, il faut monter au *Généralife*, ancienne maison de campagne des sultans
de Grenade. Les jardins en pente sont coupés
de plates-formes; sur chacune jaillit d'un bassin
une fine rosée. Les eaux courent sur la rampe,
ruissellent en cascades à travers les jardins, et se
jettent dans un canal de marbre, entre une floraison de cyprès, d'orangers, de jasmins et de citronniers. À respirer l'air embaumé de ce séjour
enchanteur, un parfumeur y perdrait la science
des aromes. Du haut du Généralife, on jouit de
perspectives splendides.

La cathédrale, construite par Diégo de Siloe
(1529-1560), est vaste et a cinq nefs, comme la plupart des églises d'Espagne. Des nuées d'ornements enrichissent les nefs latérales; c'est un étalage de précieuses matières, sans aucune recherche de grandeur, sans le moindre effort vers le

beau. C'est le triomphe du clinquant et de la *bâtisse dorée*. Seule, la *capilla Real* est à examiner pour ses tombeaux de Ferdinand et d'Isabelle, de Philippe Ier et de Jeanne la Folle, mère de Charles-Quint.

L'Albaycin, ou quartier des Gitanos, est situé sur une colline de Grenade. On ne peut le visiter sans être accompagné d'un agent de police. Ce coin de la ville est très curieux, mais d'une propreté douteuse; le nez est désagréablement chatouillé d'une odeur insupportable, indéfinissable. Une nuée de marmots, jolis à croquer, sales à rêver, habillés de vêtements absents, courent après le visiteur pour lui demander l'aumône; les hommes sollicitent du tabac; les femmes, belles sous leur teinte cuivrée et leur crinière huileuse, veulent à toute force prédire l'avenir au noble visiteur.

La police est absolument nécessaire pour visiter ce repaire. J'eus toutes les peines du monde à m'arracher des griffes d'une jeune sorcière dont la science divinatoire voyait en ma main nombreuses bonnes fortunes.

Ces gitanos sont les descendants des anciens Maures, le solde des anciennes familles reléguées dans ce quartier par Ferdinand, lors de la conquête. Les hommes ont le teint olivâtre, la figure sèche, les yeux noirs et éclatants; les femmes sont généralement belles et régulières de traits, finement et hardiment dessinés. Nous ne parlerons pas des vieilles gitanas..., la description n'en serait pas agréable.

VALENCE

Faire le voyage de Grenade à Valence d'une traite est un de ces divertissements permis une fois dans sa vie à un homme raisonnable. Trente-deux heures en chemin de fer par un soleil de 50 degrés, en des wagons convertis en fours, ne permettent pas plusieurs éditions de cette récréation. Heureusement, l'œil se délecte; c'est une suite de changements merveilleux, de transformations fantastiques : bois, fleurs, jardins, montagnes, toute la lyre!

Un peu plus du quart de la province de Valence se compose de plaines et de vallées; le reste forme le pays montagneux. Malgré les rochers, dans ce pays se trouve une culture admirable : les champs y sont des vergers, les campagnes des jardins. Le Valenciano porte ses travaux agricoles même sur les parties les plus élevées des montagnes, où il soutient la terre au moyen de petites murailles basses; il ne laisse jamais le sol se reposer, tous les mois il fait de nouveaux semis. On voit dans ce pays des champs donner trois récoltes par an, des prés se laisser faucher plusieurs fois, des mûriers, trois fois dépouillés, se couvrir trois fois de feuilles nouvelles.

Le cultivateur est doué d'une activité et d'une patience merveilleuses; il seconde admirablement par son industrie éclairée, la fertilité du sol. Les travaux pour l'arrosage des champs atteignent un grand degré de perfection. Le mode d'arrosage est certainement le principal objet de curiosité. Ici, des *norias*, espèces de roues portant des chapelets de seaux, vont chercher l'eau dans des puits profonds; là, des coupures aux rivières et aux torrents, des canaux d'une construction audacieuse et parfaitement entretenus, des réservoirs sagement ménagés, distribuent en abondance, par de nombreuses rigoles sillonnant le sol, l'eau fraîche dans les champs et les jardins. La plupart de ces travaux remontent aux Maures; ils sont protégés par une législation locale habile, par des juges et des tribunaux particuliers, dont Napoléon Ier, lui-même, reconnut l'excellence. Le Valenciano peut compter sans la pluie, il peut faire la nique au soleil, les fleuves vidés circulent dans ses jardins.

Les productions de la province consistent particulièrement en riz, huile, vins, oranges, citrons, grenades, figues, amandes, canne à sucre, melons, soie, chanvre, lin, coton: on y récolte aussi toute espèce de grains, mais ils ne suffisent pas à la consommation. Dans les montagnes, il y a des mines de vif-argent, de cuivre, de soufre et d'arsenic peu exploitées. L'importation consiste en grains, denrées coloniales, tissus divers.

La ville de Valence, la *Valentia* des Romains, a passé de ces conquérants aux Goths et de ceux-ci aux Maures, en 715; le Cid la conquit en 1094. Il la garda et la gouverna, pour le roi de Castille, en entière indépendance, jusqu'à sa mort (1099). Chimène, veuve du Campeador, en eut le gouvernement confié; attaquée en 1100 par les Maures de Cordoue, elle leur fit lever le siège par sa vigoureuse défense; néanmoins, Valence fut prise l'année suivante et rentra au pouvoir des rois de Cordoue, ses anciens maîtres. Jacques Ier, roi d'Aragon, la prit, en 1238, et la peupla de Catalans et de Français; elle passa ensuite, dans le XVIe siècle, sous la domination des rois de Castille. Les Français s'en emparèrent le 9 juillet 1812, sous le maréchal Suchet, et l'évacuèrent en juin 1813.

Valence a donné le jour à un grand nombre de personnages célèbres dans les armes, les sciences, les arts; les guerriers Hugo et F. de Moncada, de Arguillo; les poètes de Aguilar, de Castro, de Artieda; les littérateurs Vives, Nunez, Martorell; les peintres Espinosa, (Ribalta, Juanez, etc.

La grande attraction de Valence est le marché. Je n'en ai pas vu de plus abondant. Les gourmets y trouvent tout à bas prix : oranges, dattes, grenades, melons, mûres, pastèques, ananas, piments, aubergines, choux-fleurs, artichauts, asperges, petits pois, oignons d'une grosseur extraordinaire, canards, bécasses, râles, oies sauvages, anguilles, langoustes, etc. Il manque à toutes ces bonnes choses un cuisinier français!

Les marchands d'épices du marché m'ont laissé un souvenir cuisant : au-devant de leur étalage, ils installent des montagnes de poivre: le moindre vent soulève la poudre traîtresse... Allez donc respirer avec cela dans l'air. J'ai aspiré une énorme prise devant l'installation d'un gros bonhomme; j'ai toussé, éternué, pleuré; le marchand en a certainement absorbé une bonne part, il n'a pas sourcillé!

La cathédrale est de style gothique. C'est un vaste édifice irrégulier. Autrefois propriétaire d'immenses richesses et de reliques vénérées, l'église a vu disparaître en partie ses trésors sous le souffle des révolutions. Son portail de *los Apostoles* est richement orné de sculptures. Tous les jeudis, sous cette porte, se réunit le tribunal des eaux, dont l'institution remonte à El-Hakem, vers l'an 920. La justice se rend en plein vent, à la saint Louis sous le chêne de Vincennes; les juges sont de simples laboureurs élus par leurs confrères, leurs sentences respectées ont force de loi.

Le Miguelette est une tour de la cathédrale, curieuse par sa forme, mélange d'arabe et de gothique.

La lonja de la seda (bourse de la soie) est un monument remarquable par l'originalité de sa construction; il se divise en deux parties bien distinctes, liées ensemble par une tour massive et carrée. Le côté gauche est dépourvu d'ornements, mais là se trouve une longue galerie d'un effet pittoresque; on y rencontre un singulier amalgame des deux architectures gothique et sarrasine. Le côté droit au contraire, nu dans sa partie supérieure, est, dans sa partie basse, composé de détails d'architecture agréables par leur variété et la pureté de leur exécution. L'intérieur est une suite de colonnes torses s'élançant avec une prodigieuse hardiesse jusqu'à la voûte, qu'elles soutiennent. L'édifice sert de comptoir aux marchands en gros.

Beaucoup de maisons sont curieuses: je citerai entre autres celle du marquis de Dos Aguas, dont la lourde façade du xviiie siècle est finement sculptée.

Comme architecture militaire ancienne, la porte de Serranos et ses tours sont à voir; malgré leur mauvaise restauration, elles ont bon air.

Valence possède de belles promenades : le paseo

de la Glorieta et l'Alameda; son pont royal est curieux.

Une des plus utiles institutions espagnoles est née à Valence : celle des serenos. A la fin du xviiie siècle, les artificiers de la ville, dont un décret avait tué l'industrie, étaient réduits à la misère; l'alcade Joachim de Van conçut le projet de leur donner une occupation, qui, sans grever le Trésor, fût utile à la cité; il les divisa en escouades et assigna les divers quartiers à leur surveillance. Pourvus d'une lanterne et d'une hallebarde, ils durent crier dans les rues les heures de la nuit et l'état de l'atmosphère, veiller à la sûreté des magasins et des maisons, donner l'alarme dans les cas d'incendie. Une telle institution fut acceptée avec reconnaissance et rendit de grands services : les crimes et les délits diminuèrent prodigieusement, surtout pendant la nuit. Le temps étant toujours beau et le ciel pur, le mot de *sereno* terminait presque toujours autrefois leur cri lent et monotone, le nom leur fut donné. Les principales villes d'Espagne adoptèrent cette institution, encore aujourd'hui existante.

CATALOGNE

BARCELONE

Barcelone a été fondée par les Carthaginois, qui lui donnèrent le nom de leur général, Annibal Barca. Elle passa successivement au pouvoir des Romains, des Goths, des Maures et des Français. Elle eut ensuite des comtes jusqu'au xiie siècle, époque à laquelle elle fut réunie à la couronne d'Aragon. De 1650 à la paix de Riswick, elle fut deux fois au pouvoir des Français. Pendant la guerre de Succession, elle se rendit à Philippe V après une vigoureuse défense. Les Français la possédèrent de nouveau de 1808 à 1814. Cette ville si florissante éprouva, en 1821, un grand revers; la fièvre jaune lui enleva en peu de jours le cinquième de sa population. L'histoire parlera toujours avec admiration du noble dévouement des médecins français, des sœurs de Saint-Camille, dont le grand cœur affronta le terrible fléau pour secourir les malheureux habitants de Barcelone.

Au Moyen-Age, les Catalans, navigateurs hardis, pleins d'initiative, étaient, dans la Méditerranée, les émules des Basques sur l'Océan au xiie siècle, ils rivalisèrent avec les Pisans de la côte d'Afrique, puis ils les dépassèrent dans la carrière commerciale. L'esprit provincial s'est conservé parmi eux à un très haut degré. Ils se ressentent de la faiblesse du lien politique qui longtemps les rattacha au trône de Castille; le souvenir de leurs anciens *fueros*, ou statuts particuliers, survit dans l'unité constitutionnelle les absorbant aujourd'hui. Les Catalans ont leur langue propre; cet idiome est l'ancienne langue limousine, provençale ou langue d'oc, parlée autrefois et encore de nos jours, dans le midi de la France, mélangée et altérée de français. Son introduction au delà des Pyrénées date sans doute des conquêtes de Charlemagne, lors du refoulement des Maures sur la rive droite de l'Ebre. Les bibliothèques d'Espagne conservent bon nombre d'ouvrages en langue limousine, dont plusieurs sont inédits.

Barcelone a des manufactures de drap, de velours, de couvertures de laines, de toiles peintes, de soieries, de rubans, de dentelles, de blondes, de chapeaux, de savon, de bouteilles, d'excellentes armes blanches et à feu, de galons et d'orfèvrerie. Cette ville est le centre du commerce de la Catalogne. Il s'y fait beaucoup d'affaires avec l'étranger, surtout avec l'Amérique. La principale exportation consiste en vin et en eau-de-vie. Le port rivalise avec ceux de Marseille et de Gênes. Les environs de Barcelone sont très fertiles. On y voit des multitudes de jolis jardins, de charmantes maisons de campagne, de villages dont l'aspect est ravissant. Le pays abonde en grains, fruits, oranges, olives et vins. Les bords des ruisseaux sont garnis de peupliers; les forêts ont des arbres à liège; on élève beaucoup de moutons, dont la laine est excellente.

Barcelone compte peu de monuments anciens dignes de remarque; en revanche, elle montre au visiteur de belles choses modernes : des avenues magnifiques, des fontaines, des statues; son parc est une merveille, sa *Rambla* est amusante. Cette grande promenade coupe la ville en deux, de la plaza de la Paz à celle de la Cataluña. L'arc de triomphe, de style plateresque, est à critiquer comme œuvre d'art, mais il a, je le reconnais, un certain cachet théâtral.

La cathédrale est digne d'une visite sérieuse. C'est un joli monument gothique du xii° siècle; son dessin est aussi régulier, aussi parfait que celui des plus célèbres modèles de France et d'Angleterre. L'intérieur, d'un ton brun obscur, lui donne cependant un air sinistre. Les cloîtres sont garnis de chapelles, dont plusieurs d'une grande richesse; les portes sont d'un travail exquis.

L'ayuntamiento conserve sur un de ses côtés un portique d'une admirable architecture gothique. Un superbe bas-relief : saint Georges terrassant le dragon, surmonte la porte.

Cervantes a appelé Barcelone « la flor de las » bellas ciudades ». Quittant la ville, il lui adresse des adieux touchants : « Adios, Barcelona, archivo » de la cortesia, albergue de los extrangeros, pa- » tria de los valientes, adios. » La ville possède tous les qualificatifs, c'est entendu, mais elle produit surtout l'impression d'une ville de grand commerce. Ses habitants vendent, trafiquent, achètent, fabriquent; dans les rues centrales, c'est un continuel roulement de charrettes et de camions; des employés, des gens d'affaires, des commerçants vont à leurs occupations. On sent la ruche en travail.

ARAGON

SARAGOSSE

Cette ville s'unit intimement à l'Aragon, dont elle est la capitale, et à l'histoire de l'Espagne, dont elle est l'orgueil. Son nom s'entoure d'une grande célébrité. Une idée noble et féconde résume son passé : le dévouement à la patrie. Capitale d'un vaillant royaume, Saragosse est célèbre par ses fueros et ses privilèges; sa part fut belle dans la vie morale et politique de la Péninsule, son nom glorieusement retentit en Europe avec le récit des grands exploits immortalisant les peuples.

Il n'entre pas dans mes vues de faire l'histoire complète de cette ville, mais de dire en peu de mots ce qu'elle fut autrefois. Elle s'éleva, dit-on, sous le 9e consulat d'Auguste sur l'emplacement d'un village phénicien, appelé *Salduva*, et reçut de son fondateur le nom de *Cœsarea Augusta*. L'empereur lui donna des lois et des coutumes romaines, avec le titre de *Colonia immunis* (ne payant pas impôt de guerre). Après l'avoir embellie d'un Forum, d'un théâtre, d'un cirque, de bains publics, il la protégea par des forts et des murailles, aujourd'hui disparus.

Au ve siècle, Saragosse tomba au pouvoir des Goths, commandés par le roi Euric; en 542, les fils de Clovis. Childebert et Clotaire, l'assiégèrent dans leur expédition d'Espagne. Au viiie siècle, la ville dut courber la tête sous le joug des Arabes; en 1017, elle devint la capitale d'un état maure indépendant, malgré ses efforts répétés pour secouer la servitude. En 1018. Alphonse le Batailleur, roi de Navarre, aidé du comte de Poitiers, l'enleva aux Infidèles, après un siège de huit mois. Alphonse en fit son séjour et lui donna d'importants privilèges.

Saragosse, devenue capitale riche et populeu-
se, s'embellit par les arts et le commerce; les
chefs-d'œuvre des peintres de l'école aragonaise
la parèrent avec éclat.

Le 20 août 1710, l'archiduc Charles remporta,
aux environs, une victoire complète sur les troupes de Philippe V. Saragosse acquit une grande
célébrité dans les sièges qu'elle soutint en 1808
et 1809 contre les Français : le premier commença le 1er juin 1808 et fut levé le 4 août, après
quarante-neuf jours de tranchée ouverte et vingt
et un de bombardement; le second, le plus terrible,
commença le 20 décembre de la même année; le
22 février 1809, les troupes espagnoles rendirent
les armes.

Rarement on avait vu un acharnement si extraordinaire dans la défense d'une place, et surtout
avec si peu de moyens; les assiégeants admiraient
la valeur et l'audace des assiégés; on se battait
dans les rues, d'édifices en édifices. Saragosse
perdit 30,000 personnes: les pertes des Français
furent grandes parmi les artilleurs et les ingé-
nieurs militaires.

La ville est célèbre par ses savants, ses artistes
et ses héros; citons parmi eux : le poète Pruden-
tius; les historiens Garcia Santa Maria, Zunita et
Argensola; Foncalda, poète, orateur, historien; de
Villena, le gentil troubadour, dont les ouvrages
furent brûlés, sous le prétexte qu'ils enchantaient
le lecteur; les peintres Mora, Horfelin Martinez;
le général Palafox, le brillant défenseur de 1808,
et enfin l'intrépide Agostina, la Jeanne d'Arc de
Saragosse, dont l'héroïsme sauva la ville au premier siège, et força les vétérans de Napoléon, couverts des lauriers de mille combats, à reculer devant la bravoure de ses concitoyens, qu'elle gui-
dait à la victoire.

Sans vouloir considérer la province de Saragosse comme riche, la variété et l'abondance de
ses productions, les nouvelles entreprises agricoles et industrielles lui préparent cependant un
brillant avenir. Malgré un certain nombre de terrains peu propres à l'agriculture, le pays produit

des légumes, des fruits, des plantes maraîchères, des céréales en assez grande quantité, du blé, du maïs, de l'orge et de l'avoine. L'industrie est réduite à la fabrication de papier, de cuirs, de meubles et de machines agricoles. L'exportation consiste en farines, vins, huile, sucres et produits agricoles; l'importation en tissus, machines, denrées coloniales, poissons frais et salés, etc.

L'Ebre coule paisible au nord, entre la ville et les faubourgs, et passe sous un pont de sept arches; le fleuve contribue largement à la fertilisation du sol.

Les bornes de ce rapport m'interdisant de décrire tous les monuments de Saragosse, je dois toutefois en mentionner plusieurs.

Notre Dame del Pilar, fondée en 1681, est à l'extérieur d'une architecture très espagnole; les nefs sont du style composite. Près du temple de la Vierge, on admire une superbe fresque de Goya. Le sanctuaire vénéré forme un petit temple dont la voûte, sculptée, est soutenue par des colonnes de marbre. Sur un fond de velours semé d'étoiles, au sommet d'un pilier de métal précieux, est la Vierge del Pilar, le front ceint d'une couronne ouvragée et criblée de pierreries, vêtue d'une riche dalmatique beaucoup trop grande. On ne distingue ni sa tête ni celle de l'Enfant-Jésus, absolument microscopiques. Une colonne de pierre est littéralement usée par les baisers des lèvres pieuses. Selon les jours de fête, on change le costume de la Vierge; ses colliers et ses chapes, d'une richesse inouïe et d'un travail merveilleux, sont contenus dans un trésor.

On a prodigué à Notre Dame del Pilar tous les embellissements pouvant lui donner un caractère auguste; on l'a fait avec une magnificence et une profusion peu communes. L'architecture, la peinture, la sculpture y offrent à l'envi leurs trésors. Les marbres les plus beaux, les plus recherchés, l'or, l'argent y étalent leur éclat; des bas-reliefs et des statues de marbre blanc, des incrustations variées à l'infini s'y voient de tous côtés. Peut-être pourrait-on trouver à redire à cette extrême recherche de l'architecture. Il y a dans plusieurs parties du temple un excès d'ornements et un peu de confusion dans les détails.

La cathédrale (la seo), église gothique de différentes époques, est d'une architecture beaucoup plus intéressante que Notre Dame del Pilar. La façade, le portail et le beffroi sont du xvii* siècle; la tour a quatre étages et présente de belles statues dues au ciseau d'Araldi. Intérieurement, l'ornementation est sobre, les pilastres et les chapiteaux supportent des tailloirs dentelés; le maître-autel a un retable d'une richesse inouïe. Malheureusement, l'obscurité profonde donne à l'ensemble imposant un aspect inquisitorial.

La lonja (bourse) est un assez bel édifice de la Renaissance (1555); à l'intérieur, belle salle de vingt-quatre colonnes, ornée chacune de quatre boucliers aux armee ds Saragosse.

Casa de la Infanta (1550), dont le patio Renaissance est une petite merveille.

La audiencia (palais de justice), ancienne demeure des comtes de Luna, a une porte intéressante soutenue par deux cariatides représentant des géants; le haut-relief, finement sculpté, donne le détail de l'entrée à Rome de l'antipape Benoît XIII (de la famille des comtes de Luna).

Les promenades à Saragosse sont nombreuses : le Coso, l'Independencia, le paseo del Ebro et beaucoup d'autres font à la ville une ceinture de verdure.

Saragosse, placée dans un rang secondaire depuis la réunion de l'Aragon à la couronne d'Espagne, est encore noble d'aspect; il lui reste un air imposant de royauté. Placée au centre d'une plaine vaste et féconde, elle s'entoure de majestueux silence, comme si jamais un cri de guerre n'avait troublé le calme de ses demeures. A voir ses campagnes couvertes de moissons, on pourrait croire que la trompette n'a jamais appelé aux armes l'intrépide Aragonais. Mais l'histoire, élevant sa puissante voix, proclame la gloire de la noble cité.

Maintenant, mes chers Camarades, si vous avez

bien voulu me faire l'honneur de m'accompagner à travers mon excursion, permettez-moi de prendre congé de vous. Je vous ai guidé de mon mieux dans les diverses provinces d'Espagne; notre voyage est terminé. Il me reste cependant un devoir bien doux à remplir : celui de remercier, et du plus profond du cœur, notre excellent ami M. Parrain, dont les bons conseils, les savantes leçons m'ont permis de vivre sous le ciel enchanteur de Castille des heures inoubliables; la Municipalité et la Chambre de commerce de Bordeaux, dont la haute protection fut mon pavillon de voyage; mes amis d'Espagne, à la réception si cordiale et au cœur si généreux; les personnes dont les recommandations me furent précieuses.

Ce rapport, écrit à titre de souvenir et sans aucune prétention, simple récit de sensations vécues, permettez-moi, mes chers Camarades, de le dédier à notre Chambre syndicale et à mon vieil ami Parrain, à titre de gratitude et d'affection.

ALBERT BERGAUD.

Bordeaux. — Impr. G. Gounouilhou, rue Guiraude, 9-11.

www.ingramcontent.com/pod-product-compliance
Lightning Source LLC
Chambersburg PA
CBHW071240200326
41521CB00009B/1564